テキスト 理系の数学 1

リメディアル数学

泉屋周一・上江洌達也・小池茂昭・
重本和泰・徳永浩雄 共著

泉屋周一・上江洌達也・小池茂昭・徳永浩雄 編

数学書房

編集

泉屋周一
北海道大学

上江洌達也
奈良女子大学

小池茂昭
埼玉大学

德永浩雄
首都大学東京

シリーズ刊行にあたって

　数学は数千年の歴史を持つ大変古くから存在する分野です．その起源は，人類が物を数え始めたころにさかのぼると考えることもできますが，学問としての数学が確立したのは，ギリシャ時代の幾何学の公理化以後であると言えます．いわゆるユークリッド幾何学は現在でも決して古ぼけた学問ではありません．実に二千年以上も前の結果が，現在のさまざまな科学技術に適用されていることは驚くべきことです．ましてや，17世紀のニュートンの微積分発見後の数学の発展とその応用の広がり具合は目を見張るものがあります．そして，現在でも急速に進展しています．

　一方，数学は誰に対しても平等な結果とその抽象性がもたらす汎用性により大変自由で豊かな分野です．その影響は科学技術のみにとどまらず人類の社会生活や世界観の本質的な変革をもたらしてきました．たとえば，IT技術は数学の本質的な寄与なしには発展しえないものであり，その現代社会への影響は絶大なものがあります．また，数学を通した物理学の発展はルネッサンス期の地動説，その後の非ユークリッド幾何学，相対性理論や量子力学などにより，空間概念や物質概念の本質的な変革をもたらし，それぞれの時代に人類の生活空間の拡大や技術革新を引き起こしました．

　本シリーズは，21世紀の大学の理系学部における数学の標準的なテキストを編纂する目的で企画されました．理系学部と言っても，学部の名称が多様化した現在では理学部，工学部を中心にさまざまな教育課程があります．本シリーズは，それらのすべての学部で必要とされる大学1年目向けの数学を共通基盤として，2年目以降に理系学部の専門課程で共通に必要だと思われる数学，さらには数学や物理等の理論系学科で必要とされる内容までを網羅したシリーズとして企画されています．執筆者もその点を考慮して，数学者ばかりではなく，物理学者の方たちにもお願いしました．

　読者のみなさんには，このシリーズを通して，現代の標準的な数学の理解のみならず数学の壮大な歴史とロマンに思いを馳せていただければ，編集者一同望外の幸せであります．

2010年1月　　　　　　　　　　　　　　　　　　　　　　　　　　編者

まえがき

　本書の『リメディアル数学』という書名にある「リメディアル」とは，ごく最近の外来語で英語の remedial をそのまま発音したものである．その意味は英和辞典を引いてみると医学用語における「治療の」という訳がもともとの意味のようだが，転じて「補習の」という意味がある．昨今，大学の 1 年生の講義でもいくつか「リメディアル数学」とか「入門数学」とかの題名の講義が目に着くようになってきた．これらは，大学入学までに習得してきた数学の内容と，これから大学で学ぶ数学の内容のギャップを埋めるための講義である．たとえば，経済学部などの数学を必要とする文系学部に入学した人たちに対して，受験勉強などを通して習得しているべき内容を補う場合が多い．反面，理系の学部へ進学する人たちには，高等学校の数学のあと直接「線形代数」や「微積分」といった，大学 1 年生で学ぶ標準的な講義が行われている場合がほとんどであるといえる．しかし，近年，大学入学や卒業時での知識の量は以前と比べると各段に少ないことが指摘されている．それは，最近の教育システムにもよるが，数学の発展が早すぎて，大学などの講義でも教えるべき内容を取捨選択しなければならないことも大きな原因の 1 つであるといえる．

　本書は，「シリーズ理系の数学」の第 1 巻として，「理系学生のためのリメディアル数学」を特に意識して執筆されている．その意味では，通常の「リメディアル数学」より多少とも難しい内容も含んでいる．理系学部の学生にとっては，ある程度常識と考えられているにも関わらず，現在の高等学校でも大学の講義でも教わる機会の少ない内容を補ったものと言うことができる．したがって，内容はある特定分野に偏ることなく，数学全体を通したものとなっている．知識の少なさは「能力のなさ」とは関係のないところにあり，その後の努力次第ではいくらでも補うことができるものである．読者の皆様には，本書の内容をよく理解して，理系数学の「常識」を身につけていただきたい．

　本書の内容は，以下のように，それぞれ独立して読める 4 つの部分からなる．

- 第 1 章　論理と命題
- 第 2 章〜第 4 章　ベクトルと平面・空間図形，平面上の 1 次変換，複素数と複素平面

- 第 5 章～第 7 章　整数と多項式，多変数の多項式と対称式，4 次以下の方程式の解の公式と置換
- 第 8 章～第 10 章　微分と積分，微分方程式とその解法，理工学への応用

　これらの内容は読者のみなさんが読み進めていく場合や講義で使用する場合には，必要な部分から読み始めても理解には支障がないように書かれている．特に，第 1 章は一見，取りつきにくく見えるが，数学を考える上での基本なので，ぜひ最初に読んで，今まであいまいにしてきた論理的思考方法を整理してみることをお勧めする．その他の部分は基本的には，どこから読み始めても理解できるように書かれている．また，各章の問いの略解は数学書房のホームページに随時アップしていく予定である．

http://www.sugakushobo.co.jp

　本書を執筆するにあたって，距離的に離れている多人数の著者が共同で執筆したための連絡の不行き届きや昨今の大学での業務の忙しさなどで執筆が大幅に遅れたにもかかわらず，辛抱強くお付き合いしていただいた数学書房の横山伸氏には大変お世話になった．心から感謝の意を表したい．

2010 年 9 月

著者一同

目次

シリーズ刊行にあたって　　　　　　　　　　　　　　　　　　　　　i
まえがき　　　　　　　　　　　　　　　　　　　　　　　　　　　iii

第1章　論理と命題
1.1　命題と真理表 1
 1.1.1　命題 $p \implies q$ 7
 1.1.2　逆・裏・対偶 9
 1.1.3　必要条件・十分条件 10
1.2　述語論理 11
 1.2.1　命題関数 11
 1.2.2　集合に関するいくつかの記号 13
 1.2.3　全称命題・存在命題の否定 15
1.3　証明法 22
 1.3.1　対偶法 23
 1.3.2　背理法 23
 1.3.3　数学的帰納法 25

第2章　ベクトルと平面・空間図形
2.1　平面ベクトルと平面図形 28
2.2　平面上の直線 33
2.3　空間ベクトル 36
2.4　空間ベクトルの外積とスカラー3重積 38
2.5　空間図形と方程式 44

第3章　平面上の1次変換
3.1　1次変換 55
3.2　1次変換の性質 59
3.3　1次変換と面積 61
3.4　直交変換 63

第 4 章　複素数と複素平面

- 4.1　ガウス平面 68
- 4.2　複素数の乗法 71
- 4.3　複素数と平面図形 73
- 4.4　1 次関数 79
- 4.5　リーマン球面 84
- 4.6　代数学の基本定理 88

第 5 章　整数と多項式

- 5.1　整数 92
- 5.2　1 変数の多項式 101

第 6 章　多変数の多項式と対称式

- 6.1　多変数の多項式 109
- 6.2　置換 112
- 6.3　群の概念と置換 116
- 6.4　対称式 119
- 6.5　定理 6.2 の証明の概略 123

第 7 章　4 次以下の方程式の解の公式と置換

- 7.1　多項式と置換 129
- 7.2　さまざまな解の公式と置換 131
  - 7.2.1　2 次方程式の解の公式 132
  - 7.2.2　3 次方程式の解の公式 132
  - 7.2.3　4 次方程式の解の公式 136
- 7.3　解の公式に現れるベキ根の性質 144

第 8 章　微分と積分

- 8.1　微分は何の役に立つのか 146
- 8.2　微分係数と微分商 147
- 8.3　微分の有用な公式 148
  - 8.3.1　合成関数，関数の積，関数の商の微分 149
  - 8.3.2　高次の導関数 150
  - 8.3.3　テイラー展開 151
- 8.4　簡単な関数の微分 151

- 8.4.1 多項式の微分 151
- 8.4.2 指数関数の微分 152
- 8.4.3 対数関数の微分 154
- 8.4.4 三角関数の微分 155
- 8.4.5 逆関数とその微分 157
- 8.5 微分と積分との関係 158
  - 8.5.1 積分は何の役に立つのか 158
  - 8.5.2 微分と積分の関係 159
  - 8.5.3 微分積分学の基本公式 161
- 8.6 部分積分 162
- 8.7 置換積分 163

第 9 章 微分方程式とその解法

- 9.1 簡単な微分方程式の解法 165
  - 9.1.1 多項式の解を持つ微分方程式 165
  - 9.1.2 指数関数の解を持つ微分方程式 167
  - 9.1.3 対数関数の解を持つ微分方程式 168
  - 9.1.4 三角関数の解を持つ微分方程式 168
- 9.2 求積法によって解ける微分方程式 171
  - 9.2.1 変数分離形 171
  - 9.2.2 同次形 172
  - 9.2.3 1 階線形微分方程式 172
  - 9.2.4 2 階線形微分方程式 177
  - 9.2.5 変数変換で解ける特殊な微分方程式 181

第 10 章 理工学への応用

- 10.1 微分方程式としてのニュートンの運動の第二法則 185
- 10.2 重力の下での物体の運動 186
  - 10.2.1 鉛直方向に投げあげる場合 186
  - 10.2.2 斜め上方に投げあげる場合 188
  - 10.2.3 空気などによる抵抗がある場合 189
- 10.3 電気抵抗とコンデンサーと一定電圧の電源からなる回路 191
- 10.4 単振動 193

  10.4.1 バネにつながれた物体の運動 194
  10.4.2 単振り子 194
  10.4.3 コンデンサーとコイルの直列回路 (発振回路) 195
 10.5 減衰振動 197
  10.5.1 粘性のある媒質中のバネにつながれた物体の運動 197
  10.5.2 コンデンサーとコイルと電気抵抗の直列回路 198
 10.6 まとめ 200

参考文献 202

索引 203

第 1 章

論理と命題

本章の目的は「論理と命題」を詳しく解説して，大学での数学を支障なく理解できるようにすることである．

まず，命題の基本的な性質について真理表を用いて示す．次に変数を含んだ命題 (命題関数) を導入し，命題の否定の仕方を説明する．最後に，いくつかの典型的な証明方法を例をあげて解説する．

1.1 命題と真理表

命題とは **真偽** (正しいか間違っているか) が定まる文 (式を含むこともある) である．正しい命題を**真の命題**，正しくない命題を**偽の命題**とよぶ．

例 1.1 真の命題の例
(1) 「6 は偶数である」
(2) 「正三角形は 3 つの辺の長さが等しい」

例 1.2 偽の命題の例
(1) 「6 は奇数である」
(2) 「$x^2 = -1$ は実数解を持つ」

以上の命題の真偽は明らかであろう．

例 1.3 命題でないものの例
(1) 「6 は小さい数である」
(2) 「東京は人口が多い」

この例 1.3 (1) では，6 が小さいか大きいかは人によって違い，正しいとも間

違ってるとも言えない．(2) は正しそうだが，これも主観の問題なので命題とはよべない．

以降，命題を p, q, r などの記号で表わす．例えば，命題 p は「$x^2 = -1$ は実数解を持つ」などと用いる．今後，"命題 p" を単に "p" と書くこともある．2 つの命題 p, q もしくは，1 つの命題 p に関して，今後使う記号を導入する．

記号	読みかた	英訳	名称
$\bar{p}$	p でない	not p	否定
$p \wedge q$	p かつ q	p and q	論理積
$p \vee q$	p または q	p or q	論理和

次の 3 つの表は論理を展開する上で，基本となるものであり，真理表とよぶ．(T は「真 (Truth) の命題」を表わし，F は「偽 (False) の命題」を表わす．)

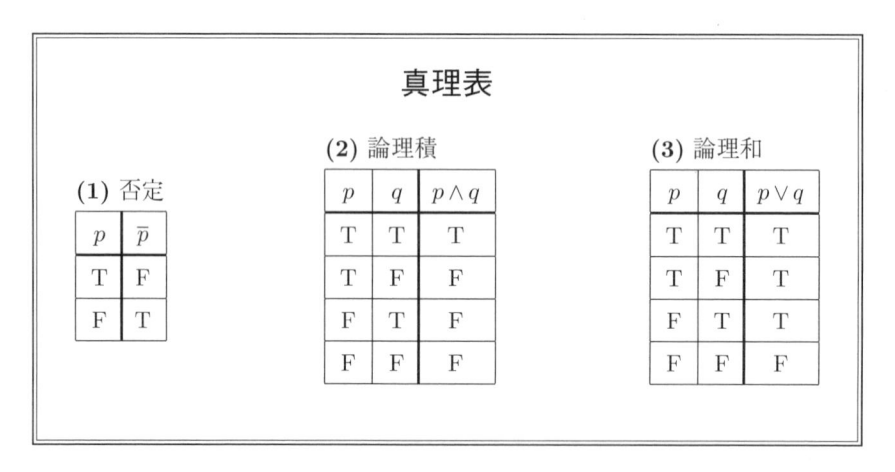

真理表

(1) 否定

p	$\bar{p}$
T	F
F	T

(2) 論理積

p	q	$p \wedge q$
T	T	T
T	F	F
F	T	F
F	F	F

(3) 論理和

p	q	$p \vee q$
T	T	T
T	F	T
F	T	T
F	F	F

真理表の読み方を述べる．まず，真理表 (1) において，一番下の行を消して太線の下の 1 行目だけを見る．

p	$\bar{p}$
T	F

左から読むと，p が真のときに $\bar{p}$ (p でない) は偽であることを表わす．例えば，命題 p を「三角形の内角の和は 180 度である」とすると，この命題は真 (T) だ

から $\bar{p}$, つまり「三角形の内角の和は 180 度でない」は偽 (F) となる．
　太線の下の 1 行目を消して，2 行目を抜き書きすると，

p	$\bar{p}$
F	T

となる．p を「$x^2 = -1$ は実数解を持つ」とすると p は偽 (F) なので，$\bar{p}$ は「$x^2 = -1$ は実数解を持たない」であり，真 (T) になることを表わす．

例 1.4 (真理表 (2) の読み方)　p を「三角形の内角の和は 180 度である」とし，q を「$x^2 = -1$ は実数解を持つ」とする．p は真で q が偽だから，真理表 (2) の太線の下の 2 行目を抜き書きすると

p	q	$p \wedge q$
T	F	F

であり，$p \wedge q$ は偽 (F) になる．実際,「p かつ q」は「三角形の内角の和は 180 度であり，かつ $x^2 = -1$ は実数解を持つ」となり，後半が間違っているから偽の命題である．

　このように，具体的な命題を考えると，真理表 (1)(2)(3) は合理的なので，この真理表 (1)(2)(3) を**公理**とする．公理とは，それ自体は証明できない命題である．数学では，この公理を大前提として議論を進める．
　以上の 3 つの真理表をもとにして，より複雑な命題を考察する．
　2 つの命題 p と q が，p が真のとき q も真であり，p が偽のとき q も偽であるとき，p と q は**同値**であるとよび，$p = q$ と書く．$p = q$ を真理表で書くと次のようになる．

p	q	$p = q$
T	T	T
T	F	F
F	T	F
F	F	T

　よく使う同値な命題を述べる．

命題 1.1 (ド・モルガンの法則)　（1）$\overline{p\wedge q}=\overline{p}\vee\overline{q}$　　（2）$\overline{p\vee q}=\overline{p}\wedge\overline{q}$

例 1.5　(1) を真理表を用いて確かめる．まず，真理表を書いてみる．(次の真理表は，1-2 列は不動であるが，3-7 列は見やすいように並べてもよい．)

p	q	$\overline{p}$	$\overline{q}$	$p\wedge q$	$\overline{p\wedge q}$	$\overline{p}\vee\overline{q}$
T	T	F	F	T	F	F
T	F	F	T	F	T	T
F	T	T	F	F	T	T
F	F	T	T	F	T	T

最初の 1-2 列は，命題 p,q の真偽のすべての組み合わせが並んでいる．最初の命題 p は 1-2 行で真 (T) とし，3-4 行で偽 (F) として，二番目の命題 q で真偽真偽の順番に並べるのが標準的な並べ方である．(命題が 3 つのときの標準的な並べ方は「分配法則」で登場する．)

この表から，$\overline{p\wedge q}=\overline{p}\vee\overline{q}$ が分かる．なぜなら，p と q の真偽のすべての組み合わせに対し，6 列目と 7 列目の真偽が一致しているからである．

例えば 1 行目を確かめる．1 行目は p と q が T の場合である．真理表 (1) によると，3-4 列目の $\overline{p}$ と $\overline{q}$ は F である．よって，

p	q	$\overline{p}$	$\overline{q}$	$p\wedge q$	$\overline{p\wedge q}$	$\overline{p}\vee\overline{q}$
T	T	F	F			

となる．一方，5 列目は真理表 (2) により T である．つまり，

p	q	$\overline{p}$	$\overline{q}$	$p\wedge q$	$\overline{p\wedge q}$	$\overline{p}\vee\overline{q}$
T	T			T		

となる．再び，真理表 (1) より 6 列目は F になる．

p	q	$\overline{p}$	$\overline{q}$	$p\wedge q$	$\overline{p\wedge q}$	$\overline{p}\vee\overline{q}$
				T	F	

7列目は，3-4列目 F に真理表 (3) を用いて，

p	q	$\bar{p}$	$\bar{q}$	$p \wedge q$	$\overline{p \wedge q}$	$\bar{p} \vee \bar{q}$
		F	F			F

となる．3-5列目を消すと

p	q	$\overline{p \wedge q}$	$\bar{p} \vee \bar{q}$
T	T	F	F

となる．

太線の下 2-4 行目も同様に確かめられる．

問 1.1 真理表の空欄を埋めて，ド・モルガンの法則 (2) を確かめよ．

p	q	$\bar{p}$	$\bar{q}$	$p \vee q$	$\overline{p \vee q}$	$\bar{p} \wedge \bar{q}$
T	T					
T	F					
F	T					
F	F					

問 1.2 次の真理表の空欄を埋めて次の命題の同値性を示せ．

(1) $p = \bar{\bar{p}}$

p	$\bar{p}$	$\bar{\bar{p}}$
T	F	
F	T	

(2) $\overline{\bar{p} \vee \bar{q}} = p \wedge q$

p	q	$\bar{p}$	$\bar{q}$	$\bar{p} \vee \bar{q}$	$\overline{\bar{p} \vee \bar{q}}$	$p \wedge q$
T	T					
T	F					
F	T					
F	F					

(3) $\overline{\overline{p} \wedge \overline{q}} = p \vee q$

p	q	$\overline{p}$	$\overline{q}$	$\overline{p}\wedge\overline{q}$	$\overline{\overline{p}\wedge\overline{q}}$	$p\vee q$
T	T					
T	F					
F	T					
F	F					

3つ以上の命題を組み合わせた命題に関しても，真理表が一致しているとき，命題は同値であるといい，等号で結ぶ．例えば，3つの命題 p, q, r の真理表は，それぞれ T と F の組み合わせすべてを確かめなくてはならないから，太線の下は $2^3 = 8$ 行になる．n 個の命題の場合は，2^n 行になる．

命題 1.2 (分配法則) (1) $p \vee (q \wedge r) = (p \vee q) \wedge (p \vee r)$
(2) $p \wedge (q \vee r) = (p \wedge q) \vee (q \wedge r)$

問 1.3 真理表の空欄を埋めて分配法則 (1) が成り立つことを確かめよ．

p	q	r	$q\wedge r$	$p\vee(q\wedge r)$	$p\vee q$	$p\vee r$	$(p\vee q)\wedge(p\vee r)$
T	T	T					
T	T	F					
T	F	T					
T	F	F					
F	T	T					
F	T	F					
F	F	T					
F	F	F					

注意 1.1 命題の数が 3 つの場合は，上の左 3 列が標準的な並べ方である．

一般に，命題が n 個のとき，太線以下は 2^n 行になる．k 列目は最初の 2^{n-k} 行が T で，以降 2^{n-k} 行ずつ F と T を交互に並べる約束とする．

問 1.4 真理表の空欄を埋めて分配法則 (2) が成り立つことを確かめよ．

p	q	r	$q\vee r$	$p\wedge(q\vee r)$	$p\wedge q$	$p\wedge r$	$(p\wedge q)\vee(p\wedge r)$
T	T	T					
T	T	F					
T	F	T					
T	F	F					
F	T	T					
F	T	F					
F	F	T					
F	F	F					

1.1.1　命題 $p \Longrightarrow q$

2つの命題 p, q に対し，「p ならば q」という命題を考える．これを「$p \Longrightarrow q$」と書き，条件命題とよぶ．数学の証明に何度も登場する命題である．

「$p \Longrightarrow q$」とは「p が真ならば，q も真である」と解釈する．P を p が真である集合とし，Q を q が真である集合とする．「$p \Longrightarrow q$」は集合 P が集合 Q に含まれることを意味するので，次のような図で表わされる．P の枠の外側は，p が偽となる集合であり，Q の枠の外側は q が偽となる集合であることに注意する．

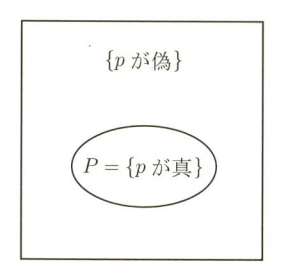

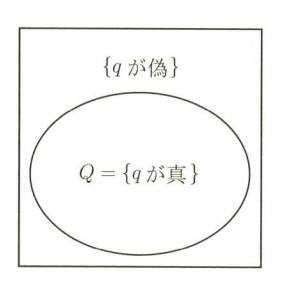

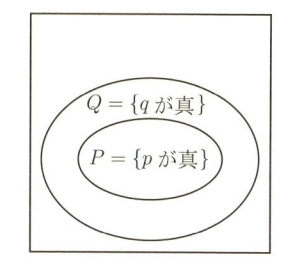

図 1.1

よって，P の元 (要素とよばれることもある) が Q の元でないことは起こらない．すなわち，

「p が真で，q が偽である」ことはない

となる．よって，$p \Longrightarrow q$ の真理表を次のように定める．

真理表 (4) 条件命題

p	q	$\bar{q}$	$p \wedge \bar{q}$	「$p \Longrightarrow q$」$\overline{p \wedge \bar{q}}$
T	T	F	F	T
T	F	T	T	F
F	T	F	F	T
F	F	T	F	T

以降の議論は，真理表 (1)–(4) を基礎として展開される．

例 1.6 この解釈の正当性を納得するのは，少し難しいので例で考えてみる．
p を「雨が降る」とし，q を「傘を差す」とする．$p \Longrightarrow q$ は，「雨が降るならば，傘を差す」を意味する．上の真理表の各行は次のようになる．
《1 行目》「雨が降り (p が真)，傘を差す (q が真)」は真 (正しい)．
《2 行目》「雨が降り (p が真)，傘を差さない (q が偽)」は偽 (間違っている)．
《3 行目》「雨が降らず (p が偽)，傘を差す (q が真)」は真 (正しい)．
《4 行目》「雨が降らず (p が偽)，傘を差さない (q が偽)」は真 (正しい)．

3 行目は常識と合わないかもしれないが，「日焼け防止」のため，傘をいつも差している人に「あなたは間違っている」とは言えないので正しい，と考える．

命題「$p \Longrightarrow q$」の p は仮定で，q が結論に対応するが，$p \Longrightarrow q$ の真理表は

仮定が間違っていたら結論はいつも正しい

ことを意味する．

注意 1.2 上の例は，「$p \Longrightarrow q$」の真理表が合理的だと思えるための例であるが，公理として認めるのが正しい姿勢である．例えば，読者を混乱させるのを承知で別の例を挙げる．

p を「$x^2 = -1$ は実数解を持つ」，q を「三角形の内角の和は 180 度である」とすると，p は偽で，q は真だから，真理表から $p \Longrightarrow q$ は真となる．しかし，日本語で $p \Longrightarrow q$ を書くと「$x^2 = -1$ が実数解を持つならば，三角形の内角の和は 180 度である」を "真" の命題とよぶのに違和感があるだろう．

さらに，「$x^2 = -1$ が実数解を持つならば，三角形の内角の和は 160 度である」

や「$x^2 = -1$ が実数解を持たないならば,三角形の内角の和は 180 度である」も真の命題である.

このように,命題 $p \Longrightarrow q$ は必ずしも常識的な感覚とは合わない.しかし,次節で学ぶ「命題関数」を扱うと常識的な感覚と合うことが理解できるだろう.

1.1.2 逆・裏・対偶

命題 $p \Longrightarrow q$ に対し,その逆・裏・対偶命題を次で定義する.

$p \Longrightarrow q$ の逆命題	$q \Longrightarrow p$
$p \Longrightarrow q$ の裏命題	$\bar{p} \Longrightarrow \bar{q}$
$p \Longrightarrow q$ の対偶命題	$\bar{q} \Longrightarrow \bar{p}$

問 1.5 各々の真理表の空欄を埋め,$p \Longrightarrow q$ と対偶命題 $\bar{q} \Longrightarrow \bar{p}$ が同値であることを確かめよ.この事実は後で用いる.

p	q	$\bar{p}$	$\bar{q}$	$p \Longrightarrow q$	逆命題 $q \Longrightarrow p$	裏命題 $\bar{p} \Longrightarrow \bar{q}$	対偶命題 $\bar{q} \Longrightarrow \bar{p}$
T	T	F	F				
T	F	F	T				
F	T	T	F				
F	F	T	T				

注意 1.3 $p \Longrightarrow q$ が真でも,その逆命題・裏命題が真とは限らない.

例 1.7 p を「風が吹く」とし,q を「コンビニが儲かる」とする.$p \Longrightarrow q$ は,「風が吹くとコンビニが儲かる」となる.(本来は,「風が吹くと桶屋が儲かる」という命題が有名である.この命題が正しいかどうかは "物知りの" 年配の方に尋ねてみよう.)

$p \Longrightarrow q$ の逆命題は「コンビニが儲かると風が吹く」であり,裏命題は「風が吹かないとコンビニが儲からない」となる.対偶命題は「コンビニが儲からないと風が吹かない」である.

問 1.6 命題 $p \Longrightarrow q$ の否定の真理表を作れ.

p	q	$p \Longrightarrow q$	$\overline{p \Longrightarrow q}$
T	T		
T	F		
F	T		
F	F		

1.1.3 必要条件・十分条件

次の用語を用いることがある．

p は q の十分条件	$p \Longrightarrow q$ が真のとき
p は q の必要条件	$q \Longrightarrow p$ が真のとき
p は q の必要十分条件	p が q の必要条件かつ十分条件のとき

通常用いる「必要・十分」の感覚で必要条件・十分条件を理解するため，もう一度，図 1.1 を利用する．

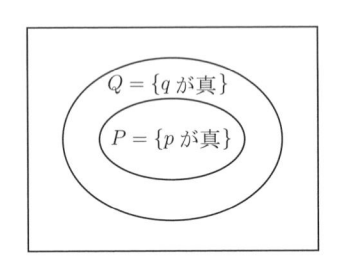

図 1.2

よって，q が真になるためには p が真であれば "十分" なので，p は q にとっての十分条件とよばれる．

逆に，p が真になるためには q が真であることが "必要" である (つまり，q が偽だと p が真になれない)．よって，q は p にとっての必要条件とよばれる．

例 1.8 b, c が実数のとき，$x^2 + bx + c = 0$ がただ 1 つの実数解を持つための必要十分条件は $b^2 - 4c = 0$ であることを示せ．

問 1.7 a, b, c を実数とする．p を「$ax^2 + bx + c = 0$ が2つの異なる実数解を持つ」とし，q を「$b^2 - 4ac > 0$」とすると，p は q の何条件か？

問 1.8 「p が q の必要十分条件」であることの真理表の空欄を埋めよ．

p	q	$p \Longrightarrow q$	$q \Longrightarrow p$	$(p \Longrightarrow q) \land (q \Longrightarrow p)$
T	T			
T	F			
F	T			
F	F			

注意 1.4 上の真理表から，$\{(p \Longrightarrow q) \land (q \Longrightarrow p)\} = (p = q)$ を確かめよ．

1.2 述語論理

以降，$\mathbb{R}$ は実数全体，$\mathbb{N}$ は自然数全体とする．

1.2.1 命題関数

今までは単純な命題を扱ったが，命題に**変数** (未知数ともよばれる) を含む命題もある．これを**命題関数**とよび，$p(x)$ や $q(n)$ などと書く．($p(x)$ の変数は x で，$q(n)$ の変数は n である．) 命題関数は，変数の値を決めるごとに，その命題の真偽が定まる．

命題関数の変数が取る範囲を**定義域**とよぶ．定義域を明示しなくても分かる場合は省略することもある．

例 1.9 命題関数の例
(1) 「x は偶数である」(定義域は自然数である．)
(2) 「x は 3 より大きい実数である」(定義域は実数である．)
(3) 「$\triangle ABC$ は二等辺三角形である」(定義域は平面内の三角形全体の集合である．)

今後，命題関数も単純に "命題 $p(x)$" などとよぶ．
命題 $p(x)$ においては，$p(x)$ が真となる x の範囲が重要である．

例 1.10 「x^2 は 3 より大きい実数である」が真の命題になるような x の範囲は, $x \geq \sqrt{3}$ または $x \leq -\sqrt{3}$ である.

問 1.9 「$x^2 \leq 9$」が真となる x の範囲を求めよ. また, この命題が偽となる x の範囲を求めよ. ただし, 定義域は実数とする.

例 1.11 $p(x)$ を「四角形 x は 4 辺の長さが等しい」, $q(x)$ を「四角形 x は 4 つの角の大きさが等しい」とすると, $p(x) \wedge q(x)$ が真になる四角形 x は正方形となる. この例では, 定義域は平面上の四角形全体の集合である.

例 1.12 命題 $p(x)$ を「実数 x は $x^2 \geq 3$ を満たす」, 命題 $q(x)$ を「実数 x は $x \leq 0$ を満たす」とすると, 上の記号はそれぞれ次のようになる.

（1） 命題 $p(x) \wedge q(x)$ は「実数 x は $x^2 \geq 3$ かつ, $x \leq 0$ を満たす」であり, この命題が真になるのは $x \leq -\sqrt{3}$ のときである.

（2） 命題 $p(x) \vee q(x)$ は「実数 x は $x^2 \geq 3$ または, $x \leq 0$ を満たす」であり, この命題が真になるのは $x \leq 0$ または, $x \geq \sqrt{3}$ のときである.

（3） 命題 $\overline{p}(x)$ は「実数 x は $x^2 < 3$ を満たす」であり, この命題が真になるのは $-\sqrt{3} < x < \sqrt{3}$ のときである.

命題の最初に登場した単純な命題「三角形の内角の和は 180 度である」を考える. これは, <u>すべての</u> 三角形に対して正しい命題である. しかし, 類似の命題「三角形の三辺の長さは等しい」は, すべての三角形に対しては真ではなく, 正三角形のときだけ真の命題となる.

このように, 命題関数では, 命題関数が真になる範囲が定義域全体であるかどうかが数学では重要になる. そこで, 次の概念を導入する.

	意味	書き方
全称命題	任意の x に対して, $p(x)$ が真である.	$(\forall x) p(x)$
存在命題	ある x に対して, $p(x)$ が真である.	$(\exists x) p(x)$

注意 1.5 存在命題は, $(\exists \cdots)$ より右側を 1 つにまとめて, カギ括弧「 」でくくって表わすことがある. 例えば,

「<u>$p(x)$ が真</u>」<u>となる</u> x が **存在** する

などと表現する.

上述の "任意の" や "存在 (する)" は数学では習慣的に好んで使われるが,それぞれ「すべての」「ある」等を使ってもよい.

全称命題も存在命題も 左から読む.

存在命題 $p(x)$ を次の (1) または (2) のように書き換えた方が初心者には理解しやすい.

(1)　次を満たす x が存在する.「$p(x)$ が真である.」
(2)　「$p(x)$ が真である」x が存在する.

しかしながら,黒板での板書では多くの教員が次のような記号を用いている.

$$\exists x \text{ s.t. } p(x)$$

"s.t." は,「such that」の省略形であり,that 以降の文章を 1 つにまとめて読む約束である.また,存在命題では "特別な" x に対し,$p(x)$ が真になっているので "特別" であることを強調するため x に特殊な目印をつける方が分かりやすい (例えば,x_0 や $\hat{x}$ などである).そこで,以降,「s.t.」を用いた典型的な "板書" を枠付きで書いておく.例えば,今の場合は次のようになる.

板書
$$\exists x_0 \text{ s.t. } p(x_0)$$

1.2.2　集合に関するいくつかの記号

集合に現れる記号を確認する.実数 a, b, c に対して次の集合を考える.

$$\{x \mid ax^2 + bx + c = 0\}$$

は,$ax^2 + bx + c = 0$ を満たす x をすべて集めた**集合**である.ここで,a, b, c の取り方によっては実数解を持たない場合もあるので x を実数に限ると,その場合は**空集合** ($\emptyset$ と書く) となる.一方,複素数の解も考えるときは,任意の実数 a, b, c に対して上の集合は空集合でない.

このような混乱が起こらないために,次のように書くと正確な表現になる.

$$\{x \in \mathbb{R} \mid ax^2 + bx + c = 0\}$$

ここで，$\mathbb{R}$ は実数全体を表わし，$x \in \mathbb{R}$ は x が $\mathbb{R}$ の元である ことを表わす．判別式が負のとき (つまり，$b^2 - 4ac < 0$ のとき) は，この集合は $\emptyset$ となる．

逆に $x \notin \mathbb{R}$ は，x は $\mathbb{R}$ の元でない ことを表わす．

例 1.13 X を日本のプロ野球球団全体とする．$X = \{$ ジャイアンツ，タイガース，ライオンズ，$\cdots \}$ と具体的に書ける．例えば，ファイターズ $\in X$ であり，ヤンキース $\notin X$ となる (2010 年現在)．

次の例は野球を知らなくても理解できるだろう．$\mathbb{N}$ を自然数全体とすると，$3 \in \mathbb{N}$ であり $0.5 \notin \mathbb{N}$，$-5 \notin \mathbb{N}$ となる．

注意 1.6 $\{2,4\} \in \mathbb{N}$ という書き方は間違いである．

記号「$\in$」の左辺に来るのは右辺の「1 つの元」であり，元の集まりではない．ただし，$2, 4 \in \mathbb{N}$ と書くことはある．これは，$2 \in \mathbb{N}$，$4 \in \mathbb{N}$ を省略して書いたものとみなす．○▲ $\in$ ■◎の左辺に中括弧 $\{\cdots\}$ をつけて，集合にしてはいけない．たとえ 1 つの元からなる集合でも駄目である．つまり，$\{2\} \in \mathbb{N}$ とは書かない．

以下，左辺も集合のときの記号を述べる．

例 1.13 で，X は**全体集合**とよばれる．つまり，全体集合とは登場するすべての元 (例 1.13 では，日本のプロ野球球団) を集めた集合である．全体集合を最初に決めないと誤解を生じることがある．例えば，全体集合を決めずに「ジャイアンツ」というと，人によってはアメリカのメジャー・リーグの球団と考えるかもしれない．2 つの集合 A, B に対し，

A が B の**部分集合**であるとは，$(\forall x \in A)(x \in B)$ のことであり，$A \subset B$ と書く．

ただし，$(x \in B)$ は，「$x \in B$ である」という命題とみなす．つまり，A の任意の元は，B に属することである．

例 1.14 （1） $p(x) = $「$x \in \mathbb{R}$ が $x^2 + 1 > 0$ を満たす」とすると，任意の $x \in \mathbb{R}$ に対し，$x^2 + 1 > 0$ は明らかであるから，全称命題 $(\forall x \in \mathbb{R})p(x)$ は真である．

もちろん，同じ命題 $p(x)$ を用いた存在命題 $(\exists x \in \mathbb{R})p(x)$ も真である．

（2） $p(x) = $「$x \in \mathbb{R}$ が $x^2 - 1 > 0$ を満たす」とすると，$x = 0$ では $x^2 - 1 > 0$ を満たさないので，$(\forall x \in \mathbb{R})p(x)$ は偽である．

しかし，$x=2$ とおけば，$x^2-1>0$ を満たすから，存在命題 $(\exists x)p(x)$ は真である．

問 1.10 全称命題が真で存在命題が偽になる命題は作れるか？

1.2.3 全称命題・存在命題の否定

今までは，命題 $p(x)$ の変数 x の定義域を決めていなかったので，X とする．$A \subset X$ のとき，A の**補集合** A^c を次のように定義する．

$$A^c = \{x \in X \mid x \notin A\}$$

$P = \{x \in X \mid p(x) \text{ が真}\}$ とおくと，全称命題・存在命題は次のように言い換えられる．

全称命題 $(\forall x \in X)p(x)$	$X = P$
存在命題 $(\exists x \in X)p(x)$	$P \neq \varnothing$

$X = P$ は言い換えれば，$P^c = \varnothing$ であることに注意すると，全称命題・存在命題の否定は次のようになる．

全称命題の**否定** $\overline{(\forall x \in X)p(x)}$	$P^c \neq \varnothing$
存在命題のの**否定** $\overline{(\exists x \in X)p(x)}$	$P = \varnothing$

$P^c \neq \varnothing$ は，$p(x)$ が偽になる $x \in X$ が存在することであり，$P = \varnothing$ は，すべての $x \in X$ で $p(x)$ が偽になることを表わしている．ところで，

$$\overline{p(x)} \text{ は「} p(x) \text{ が偽となる」}$$

なので，全称命題・存在命題の否定を集合 X, P を用いずに次のように表わせる．

全称命題の**否定** $\overline{(\forall x \in X)p(x)}$	$(\exists x \in X)\overline{p(x)}$
存在命題の**否定** $\overline{(\exists x \in X)p(x)}$	$(\forall x \in X)\overline{p(x)}$

例 1.15 $A \subset B$ を否定する．$A \subset B$ は $(\forall x \in A)(x \in B)$ であるから，否定は次のようになる．

$$\overline{A \subset B} = \overline{(\forall x \in A)(x \in B)}$$
$$= (\exists x \in A)\overline{(x \in B)}$$
$$= (\exists x \in A)(x \notin B)$$

これを板書で書くと次のようになる．

> **板書**
> $\overline{A \subset B} \iff \exists x_0 \in A \text{ s.t. } x_0 \notin B$

例 1.16 命題 $p(x)$ と $q(x)$ に対し，$(\forall x \in X)(p(x) \implies q(x))$ は，すべての $x \in X$ に対し，$p(x)$ ならば $q(x)$ が成り立つことを表わす．この否定 $\overline{(\forall x \in X)(p(x) \implies q(x))}$ を今までの知識を用いて変形する．

$$\overline{(\forall x \in X)(p(x) \implies q(x))} = (\exists x \in X)\overline{(p(x) \implies q(x))}$$
$$= (\exists x \in X)(p(x) \land \overline{q(x)})$$

つまり，$(\forall x \in X)(p(x) \implies q(x))$ の否定は左側から読めば

次を満たす x が存在する．「$p(x)$ が真かつ $q(x)$ が偽」

となる．日本語で 1 つの文章で書けば次のようになる．

「$p(x)$ が真かつ $q(x)$ が偽」となる $x \in X$ が存在する．

板書でも書いておく．

> **板書**
> $\overline{(\forall x \in X)(p(x) \implies q(x))} \iff \exists x_0 \in X \text{ s.t. } p(x_0) \text{ かつ } \overline{q(x_0)}$

この例は比較的簡単だが，複雑な場合は文章が醜くなるので「…」や『…』などとカギ括弧を用いて書くと初心者には分かりやすい．

もっと複雑な命題を考えるため，少し準備をする．命題の中の未知数が複数ある場合は $p(x,n)$ や $p(x,y)$ などと書く．

例 1.17 $p(x,n) = $「$x \in \mathbb{R}$ と $n \in \mathbb{N}$ が $x^n \geq 1$ を満たす」とすると，$p(x,n)$

が真になるのは, $\{(x,n) \mid x \geq 1$ かつ n は奇数$\}$ または, $\{(x,n) \mid |x| \geq 1$ かつ n は偶数$\}$ である.

$\forall$ や $\exists$ が複数出てくる命題も<u>左側から読む</u>と約束する.

次の命題を考える.
$$(\forall n \in \mathbb{N})(\exists x \in \mathbb{R})(p(x,n) \Longrightarrow q(x))$$

これは, 左側から読む約束なので

任意の $n \in \mathbb{N}$ に対し, 次が成り立つ $x \in \mathbb{R}$ が存在する.
「$p(x,n)$ ならば $q(x)$ となる」

となる. 1 つの文にすれば,

任意の $n \in \mathbb{N}$ に対し,「$p(x,n)$ が真ならば, $q(x)$ が真」
となる $x \in \mathbb{R}$ が存在する

となる. n が最初に登場しているので, n の値によって x の値も変わることがある. これを数学では, <u>x は n に**依存する**</u>と言うことがある. x が n に依存するときは, n に依存することを明確にする目印をつけることが多く, 板書は次のようになる.

板書

$\forall n \in \mathbb{N}$ に対し, $\exists x_n \in \mathbb{R}$ s.t. $p(x_n, n) \Longrightarrow q(x_n)$

上の命題を否定すると,
$$\overline{(\forall n \in \mathbb{N})(\exists x \in \mathbb{R})(p(x,n) \Longrightarrow q(x))}$$
$$= (\exists n \in \mathbb{N})\overline{(\exists x \in \mathbb{R})(p(x,n) \Longrightarrow q(x))}$$
$$= (\exists n \in \mathbb{N})(\forall x \in \mathbb{R})\overline{(p(x,n) \Longrightarrow q(x))}$$
$$= (\exists n \in \mathbb{N})(\forall x \in \mathbb{R})(p(x,n) \land \overline{q(x)})$$

となる. 最後の命題を左から読むと

次を満たす $n \in \mathbb{N}$ が存在する.
「任意の $x \in \mathbb{R}$ に対し, $p(x,n)$ が真かつ $q(x)$ が偽となる」

となる．n が最初に登場しているから，次に現れた x には依存していないことに注意する．1 つの文にすれば，

「任意の $x \in \mathbb{R}$ に対し，$p(x,n)$ が真かつ $q(x)$ が偽になる」$n \in \mathbb{N}$ が存在する

となり，n が文章の終わりにくる．板書は次のようになる．

> **板書**
> $\exists n_0 \in \mathbb{N}$ s.t. $\forall x \in \mathbb{R}$ に対し，$p(x, n_0)$ かつ $\overline{q(x)}$

注意 1.7 上の文の括弧「　」をはずすと，

任意の $x \in \mathbb{R}$ に対し，$p(x,n)$ が真かつ $q(x)$ が偽となる $n \in \mathbb{N}$ が存在する

となるが，「任意に x を決める<u>ごとに</u>，n が存在する」とも読めてしまう．つまり，n が x に依存しているように誤解される．しかし，板書のように n_0 と書いて x に依存しない目印をつけたので「n_0 は x に依存するだろうか？」という疑問は起こらない．

このように，慣れるまでは複数の文に分けて書くか，1 つの文でもカギ括弧「　」をつけたままにするか，「依存性」を明示した方が間違いが起こらない．

例 1.18 数列 $\{a_n\}_{n=1}^{\infty}$ が a に収束することを厳密に考える．
$p(n, N) = $「$n \in \mathbb{N}$ と $N \in \mathbb{N}$ が $n \geq N$ を満たす」，$q(n, \varepsilon) = $「$n \in \mathbb{N}$ と $\varepsilon > 0$ が $|a_n - a| < \varepsilon$ を満たす」とする．ただし，n, N の定義域は自然数で，ε の定義域は正の実数である．

以降，記号 $\mathbb{R}_+ = \{x \in \mathbb{R} \mid x > 0\}$ を用いる．

$\lim_{n \to \infty} a_n = a$ は，数学では次のように厳密に定義される．

$$(\forall \varepsilon \in \mathbb{R}_+)(\exists N \in \mathbb{N})(\forall n \in \mathbb{N})(p(n, N) \implies q(n, \varepsilon))$$

日本語にすると，

任意の $\varepsilon > 0$ に対し，次を満たす $N \in \mathbb{N}$ が存在する．
「任意の $n \in \mathbb{N}$ に対し，『$p(n, N)$ が真ならば，$q(n, \varepsilon)$ が真』が成り立つ」

となる．N は ε の後に登場するので，ε に依存することに注意する．

> **板書**
> $\forall \varepsilon > 0$ に対し, $\exists N_\varepsilon \in \mathbb{N}$ s.t. $\forall n \in \mathbb{N}$ に対し, $p(n, N_\varepsilon) \Longrightarrow q(n, \varepsilon)$

$p(n, N), q(n, \varepsilon)$ を上で具体的に与えられたものに直すと次のようになる.

> **板書**
> $\forall \varepsilon > 0$ に対し, $\exists N_\varepsilon \in \mathbb{N}$
> s.t. $\forall n \in \mathbb{N}$ に対し, $n \geq N_\varepsilon \Longrightarrow |a_n - a| < \varepsilon$

詳しくは，本シリーズの第 2 巻『微分積分』で述べるので，ここではこの否定命題を作るだけにしておく．

$$\overline{(\forall \varepsilon \in \mathbb{R}_+)(\exists N \in \mathbb{N})(\forall n \in \mathbb{N})(p(n, N) \Longrightarrow q(n, \varepsilon))}$$
$$= (\exists \varepsilon \in \mathbb{R}_+)\overline{(\exists N \in \mathbb{N})(\forall n \in \mathbb{N})(p(n, N) \Longrightarrow q(n, \varepsilon))}$$
$$= (\exists \varepsilon \in \mathbb{R}_+)(\forall N \in \mathbb{N})\overline{(\forall n \in \mathbb{N})(p(n, N) \Longrightarrow q(n, \varepsilon))}$$
$$= (\exists \varepsilon \in \mathbb{R}_+)(\forall N \in \mathbb{N})(\exists n \in \mathbb{N})\overline{(p(n, N) \Longrightarrow q(n, \varepsilon))}$$
$$= (\exists \varepsilon \in \mathbb{R}_+)(\forall N \in \mathbb{N})(\exists n \in \mathbb{N})(p(n, N) \wedge \overline{q(n, \varepsilon)})$$

最後の命題を日本語に直すと，

次を満たす $\varepsilon > 0$ が存在する．
「任意の $N \in \mathbb{N}$ に対し，次を満たす $n \in \mathbb{N}$ が存在する．
『$p(n, N)$ が真，かつ $q(n, \varepsilon)$ が偽』」

となる．

n は，N と ε に依存することに注意する．

> **板書**
> $\exists \varepsilon_0 > 0$ s.t. $\forall N \in \mathbb{N}$ に対し,
> $\exists n_N \in \mathbb{N}$ s.t. $p(n_N, N)$ かつ $\overline{q(n_N, \varepsilon_0)}$

このように "s.t." が二度でる場合，$\exists \bigcirc \blacktriangle$ s.t.「$\exists \blacklozenge \triangledown$ s.t.『 $\cdots$ 』」のように，左から順番に読み，最初の s.t. 以降をすべて一まとめにして「　」でくくり，その中の s.t. 以降を『　』でまとめる約束とする (しかし，板書では「」や『』は書かないことが多い). 3 つ以上 s.t. が登場する場合も同様である．

注意 1.8　変数が 2 つ以上ある命題の場合，∀ と ∃ が混ざった命題は，その順序を変えると命題として同値でなくなるので注意する．

$$(\forall x)(\exists y)p(x,y) \neq (\exists y)(\forall x)p(x,y)$$

上の式では，x と y の定義域が異なる場合もありうる．ここでは，定義域は省略した．

例 1.19　$p(x,y) = $「$x, y \in \mathbb{R}$ が $y^2 - x^2 \geq 1$ を満たす」とする．
$(\forall x \in \mathbb{R})(\exists y \in \mathbb{R})p(x,y)$ は，

任意の $x \in \mathbb{R}$ に対し，次を満たす $y \in \mathbb{R}$ が存在する．
「$y^2 - x^2 \geq 1$ となる」

> **板書**
> $\forall x \in \mathbb{R}$ に対し，$\exists y_x \in \mathbb{R}$ s.t. $y_x^2 - x^2 \geq 1$

となる．これは，$x \in \mathbb{R}$ を任意に固定して，$y^2 \geq 1 + x^2$ を満たす $y \in \mathbb{R}$ を選べばよいので真の命題である．このとき，y は x に依存するので板書では y_x と書いた．

一方，$(\exists y \in \mathbb{R})(\forall x \in \mathbb{R})p(x,y)$ は，

次を満たす $y \in \mathbb{R}$ が存在する．
「任意の $x \in \mathbb{R}$ に対し，$y^2 - x^2 \geq 1$ となる」

> **板書**
> $\exists y_0 \in \mathbb{R}$ s.t. $\forall x \in \mathbb{R}$ に対し，$y_0^2 - x^2 \geq 1$

となる．これは，$y \in \mathbb{R}$ を 1 つ決めて，「<u>任意の $x \in \mathbb{R}$ に対して，$y^2 - x^2 \geq 1$ が成り立つ</u>」ことを要求しており，例えば，$x = y$ のときに成り立っていないので偽の命題である．

しかし，二重に ∀ または ∃ を取る場合は順番はどちらでも同じになる．

$$(\forall x)(\forall y)p(x,y) = (\forall y)(\forall x)p(x,y), \quad (\exists x)(\exists y)p(x,y) = (\exists y)(\exists x)p(x,y)$$

この場合は，簡略化してそれぞれ次のように書く．

$$(\forall x, y)p(x,y), \qquad (\exists x, y)p(x,y)$$

問 1.11 次の命題の否定命題を作れ．また，それを日本語と "板書" に直せ．

（1） $(\forall \varepsilon \in \mathbb{R}_+)(\exists N \in \mathbb{N})(\forall x \in \mathbb{R}, n \in \mathbb{N})(p(n,N) \Longrightarrow q(x,n,\varepsilon))$ (『微分積分』の関数列の一様収束の定義)

（2） $(\forall \varepsilon \in \mathbb{R}_+)(\exists \delta \in \mathbb{R}_+)(\forall x, y \in \mathbb{R})(p(x,y,\delta) \Longrightarrow q(x,y,\varepsilon))$ (『微分積分』の関数の一様連続の定義)

注意 1.9 念のため，上の問題 1.11 に現れた定義を述べておく．ここでは「関数 $f : \mathbb{R} \to \mathbb{R}$」と書いたら，任意の $x \in \mathbb{R}$ に対して，1 つの実数 $f(x)$ が決まっている「対応」を意味する．また，2 つの集合 A, B に対し，すべての $a \in A$ と $b \in B$ を組み合わせて (a,b) と書いたものを 1 つの元として，それらすべてを集めた集合を $A \times B$ と書き，A と B の**直積**とよぶ．つまり，

$$A \times B = \{(a,b) \mid a \in A, b \in B\}$$

である．3 つの集合 A, B, C に対しても $A \times B \times C$ も同様に定義できる．

（1） 関数列の一様収束の定義は，関数 $f_n, f : \mathbb{R} \to \mathbb{R}$ に対し，$p(n,N)$ と $q(x,n,\varepsilon)$ を次で定義したものとなる．

$$p(n,N) = \{(n,N) \in \mathbb{N} \times \mathbb{N} \mid n \geq N\}$$
$$q(x,n,\varepsilon) = \{(x,n,\varepsilon) \in \mathbb{R} \times \mathbb{N} \times \mathbb{R}_+ \mid |f_n(x) - f(x)| < \varepsilon\}$$

> **板書**
> $\forall \varepsilon > 0$ に対し，$\exists N_\varepsilon \in \mathbb{N}$ s.t. $\forall x \in \mathbb{R}, n \in \mathbb{N}$ に対し，
> $n \geq N_\varepsilon \Longrightarrow |f_n(x) - f(x)| < \varepsilon$

（2） 関数の一様連続の定義は，関数 $f : \mathbb{R} \to \mathbb{R}$ に対し，$p(x,y,\delta)$ と $q(x,y,\varepsilon)$ を次で定義したものとなる．

$$p(x,y,\delta) = \{(x,y,\delta) \in \mathbb{R} \times \mathbb{R} \times \mathbb{R}_+ \mid |x-y| < \delta\}$$
$$q(x,y,\varepsilon) = \{(x,y,\varepsilon) \in \mathbb{R} \times \mathbb{R} \times \mathbb{R}_+ \mid |f(x) - f(y)| < \varepsilon\}$$

> **板書**
> $\forall \varepsilon > 0$ に対し, $\exists \delta_\varepsilon > 0$ s.t. $\forall x, y \in \mathbb{R}$ に対し,
> $|x - y| < \delta_\varepsilon \implies |f(x) - f(y)| < \varepsilon$

例 1.20 定義域 X を自然数とし, $p(x) =$「$x \in \mathbb{N}$ は 4 の倍数である」とし, $q(x) =$「$x \in \mathbb{N}$ は偶数である」とする. 命題 $(\forall x \in \mathbb{N})(p(x) \implies q(x))$ を考える. $x \in \mathbb{N}$ が 4 の倍数ならば必ず偶数なのでこの命題は真である. また, $(\exists x \in \mathbb{N})(p(x) \implies q(x))$ も真である.

逆に, $(\forall x \in \mathbb{N})(q(x) \implies p(x))$ は偽の命題である. なぜなら, $x = 2$ は偶数だが, 4 の倍数でない. 全称命題「$(\forall x \in \mathbb{N})(q(x) \implies p(x))$」の否定命題は $\overline{(\forall x \in \mathbb{N})(q(x) \implies p(x))} = (\exists x \in \mathbb{N})(q(x) \wedge \overline{p}(x))$ となるので, このような $x = 2$ の存在を示したことは「　」の否定命題を証明したことになる. つまり, 具体的に「$p(x)$ かつ $\overline{q(x)}$」となる x を見つけたわけである.

このように, $(\forall x)(\cdots)$ が偽であることを示すために, 否定命題が真になる x を見つければよい. このような x をもとの命題の**反例**とよぶ. 反例を見つけることで, 命題が否定される (つまり, 命題が偽であることが示される).

問 1.12 上の例 1.20 の $p(x)$ と $q(x)$ に対し, 以下の命題は真か偽を示せ.

(1) $(\exists x \in \mathbb{N})(q(x) \implies p(x))$　　(2) $(\forall x \in \mathbb{N})(\overline{p}(x) \implies \overline{q}(x))$
(3) $(\exists x \in \mathbb{N})(\overline{q}(x) \implies \overline{p}(x))$　　(4) $(\forall x \in \mathbb{N})(\overline{q}(x) \implies \overline{p}(x))$

問 1.13 $\mathbb{Z}$ を整数全体とし, $p(x) =$「$x \in \mathbb{Z}$ が $x \geq 3$ を満たす」とし, $q(x) =$「$x \in \mathbb{Z}$ が $x^2 \geq 8$ を満たす」とする. 次の命題の真偽を示せ.

(1) $(\forall x \in \mathbb{Z})(p(x) \implies q(x))$　　(2) $(\exists x \in \mathbb{Z})(\overline{p}(x) \implies q(x))$
(3) $(\forall x \in \mathbb{Z})(\overline{p}(x) \implies \overline{q}(x))$　　(4) $(\exists x \in \mathbb{Z})(\overline{p}(x) \implies \overline{q}(x))$

1.3 証明法

命題 $p \implies q$ が真であることを証明するときに, 直接証明するのが難しい場合がある. そのような場合に, 同値な命題を示せばよい. いろいろな数学を学ぶ上で大切な証明法を 2 つ述べる.

さらに, 高校までに学習した「数学的帰納法」もここで復習しておく.

1.3.1 対偶法

$p \Longrightarrow q$ とその対偶 $\overline{q} \Longrightarrow \overline{p}$ が同値である (問題 1.5) から，$\overline{q} \Longrightarrow \overline{p}$ を示せば $p \Longrightarrow q$ を証明したことになる．

$$\underline{p \Longrightarrow q \text{ を示すために，} \overline{q} \Longrightarrow \overline{p} \text{ を示すことを}\textbf{対偶法}\textbf{とよぶ．}}$$

例 1.21 「x が 4 の倍数である」$\Longrightarrow$「x は偶数である」を対偶法で示す．ただし，x の定義域は自然数 N とする．

x が偶数でないとする．すると，x は奇数だから $x = 2n - 1$ となる自然数 n がある．$x = 4\left(\dfrac{n}{2} - \dfrac{1}{4}\right)$ と書き直せる．どんな自然数 n を代入しても $\dfrac{n}{2} - \dfrac{1}{4}$ は自然数にならないから，x は 4 の倍数ではない．

問 1.14 「x^2 が偶数」$\Longrightarrow$「x が偶数」を対偶法で示せ．ただし，x の定義域は自然数とする．

問 1.15 実数 x, y, z が $x^2 + y^2 + z^2 \neq -2(xy + yz + zx)$ ならば $x + y + z \neq 0$ を示せ．

1.3.2 背理法

いつでも偽となる命題を f と書き，**恒偽命題**という．

問 1.16 次の命題の同値性を真理表を作って確かめよ．

(1) $(p \vee f) = p$

p	f	$p \vee f$
T	F	
F	F	

(2) $(p \Longrightarrow q) = (\overline{(p \wedge \overline{q})} \vee f)$

p	q	$p \Longrightarrow q$	$\overline{q}$	$p \wedge \overline{q}$	$\overline{p \wedge \overline{q}}$	$\overline{p \wedge \overline{q}} \vee f$
T	T					
T	F					
F	T					
F	F					

(3) $(p \Longrightarrow q) = ((p \wedge \overline{q}) \Longrightarrow f)$

p	q	$p \Longrightarrow q$	$\overline{q}$	$p \wedge \overline{q}$	f	$(p \wedge \overline{q}) \Longrightarrow f$
T	T				F	
T	F				F	
F	T				F	
F	F				F	

問題 1.16 (3) で, $p \Longrightarrow q$ と $(p \wedge \overline{q}) \Longrightarrow f$ が同値であることが分かったが, これは, $p \Longrightarrow q$ が真であることを証明することは, 「p が真かつ, q が偽ならば常に偽 であること」を証明することと同じである. 言い換えれば,

p が真かつ, q が偽ならば **矛盾** する

ことを示せばよいのである. このような証明法を**背理法**という.

例 1.22 「x^2 が偶数」ならば「x が偶数」であることを背理法を用いて示す.
x^2 が偶数で, x が奇数とする. $x = 2n - 1$ と自然数 n で表わすと, $x^2 = 4n^2 - 4n + 1 = 2\left(2n^2 - 2n + \dfrac{1}{2}\right)$ となる. 右辺の $(\cdots)$ は自然数にならないから, x^2 は偶数でないので矛盾が導かれた.

問題 1.14 で解答した対偶法による証明と比較せよ.

例 1.23 $\sqrt{2}$ が無理数 (有理数でない) ことを示す.
<u>背理法による証明</u> $\sqrt{2}$ が有理数であるとすると, $\sqrt{2} = \dfrac{n}{m}$ となる自然数 n と m がある. あらかじめ, n と m は, 互いに素であるとしておく. (つまり, n と m を素数の積としたとき, 共通の素数があったら約分しておく.)

簡単な計算から，$2m^2 = n^2$ が分かる．よって，n^2 は偶数だから，n も偶数である (上の例 1.22 を参照)．そこで，$n = 2k$ と自然数 k で表わす．ゆえに，$2m^2 = 4k^2$ だから，m^2 が偶数になり，m も偶数である．これは，m と n が両方偶数となり，互いに素である (共通の約数がない) ことに矛盾する．

問 1.17 次の命題を背理法を用いて示せ．
(1) $\sqrt{3}$ が無理数である．
(2) $\sqrt{6}$ が無理数である．
(3) 自然数 n の平方が奇数ならば，n は奇数である．

背理法は，対偶法と違い，仮定がはっきりしない場合でも適用できる利点がある．

例 1.24 命題「素数は無限個存在する」の仮定ははっきりしないので対偶法は使えない．しかし，結論を否定して「素数は有限個である」と仮定する．すると，最大の素数 $N_0 \in \mathbb{N}$ が存在する．そこで，$N_1 = N_0! + 1$ とおくと，N_1 は $2, 3, \cdots, N_0$ で割り切れないから素数であり，$N_0 < N_1$ となり矛盾する．

1.3.3 数学的帰納法

今まで述べた論理とは趣が異なるが，もう 1 つの証明法を述べる．

数学的帰納法とは，自然数 n を含んだ命題 $p(n)$ が，任意の自然数 n で真であることを示す方法である．具体的には次の 2 段階に分けて証明する．

$$\begin{cases} (1) & p(1) \text{ が真であることを示す．} \\ (2) & \text{自然数 } n \text{ に対し，} p(n) \text{ が真であると仮定して} \\ & p(n+1) \text{ が真であることを示す．} \end{cases}$$

なぜこれで，任意の $n \in \mathbb{N}$ に対して $p(n)$ が真であることが示せたかというと，1 から始めて有限回 (n 回) 証明を繰り返せば，$p(n)$ が証明できるからである．

例 1.25 (二項定理の証明)　整数 $n \geq k \geq 0$ に対し，${}_nC_k = \dfrac{n!}{k!(n-k)!}$ とする．ただし，$0! = 1$ と約束する．$(a+b)^n = \sum_{k=0}^{n} {}_nC_k a^k b^{n-k}$ が成り立つ．

$n = 1$ のとき，右辺 $= {}_1C_0 a^0 b^1 + {}_1C_1 a^1 b^0 = a + b$ となるので成り立つ．

n で成り立つと仮定する．$(a+b)^{n+1} = (a+b)\sum_{j=0}^{n} {}_nC_j a^j b^{n-j}$ より，

$$(a+b)^{n+1} = a^{n+1} + \sum_{j=1}^{n} {}_nC_j a^{j+1} b^{n-j} + \sum_{j=1}^{n} {}_nC_j a^j b^{n-j+1} + b^{n+1}$$

となる．第 2 項と第 3 項の a のべきが $k \in \{1, 2, \cdots, n\}$ のときは，b のべきが $n+1-k$ であることに注意する．またそれらの係数の和は ${}_nC_{k-1} + {}_nC_k$ であり，計算すると

$$\begin{aligned}{}_nC_{k-1} + {}_nC_k &= \frac{n!}{(k-1)!(n+1-k)!} + \frac{n!}{k!(n-k)!} \\ &= \frac{n!\{k + (n+1-k)\}}{k!(n+1-k)!} \\ &= \frac{(n+1)!}{k!(n+1-k)!} = {}_{n+1}C_k\end{aligned}$$

となり，

$$(a+b)^{n+1} = a^{n+1} + \sum_{k=1}^{n} {}_{n+1}C_k a^k b^{n+1-k} + b^{n+1}$$

であり，$n+1$ のときの公式が証明できた．

問 1.18 次の自然数 $n \in \mathbb{N}$ に関する公式を数学的帰納法を用いて証明せよ．
(1) $\sum_{k=1}^{n} k = \dfrac{n(n+1)}{2}$ (2) $\sum_{k=1}^{n} k^2 = \dfrac{n(n+1)(2n+1)}{6}$
(3) $\sum_{k=1}^{n} k^3 = \left\{\dfrac{n(n+1)}{2}\right\}^2$

例 1.26 $a_0 = a_1 = 1$ とし，$n \geq 2$ に対し，$a_n = a_{n-1} + a_{n-2}$ で定義する．$n \geq 1$ に対し，$a_0 + a_1 + \cdots + a_{n-1} = a_{n+1} - 1$ が成り立つことを示す．

$n = 1$ のとき，左辺は $a_0 = 1$ である．右辺は $a_2 = a_1 + a_0 = 2$ に注意すれば，$a_2 - 1 = 1$ で左辺と等しい．

n で成立すると仮定し，

$$a_0 + a_1 + \cdots + a_n = a_{n+2} - 1$$

を示せばよい．左辺は，n で $a_0 + a_1 + \cdots + a_{n-1} = a_{n+1} - 1$ が成り立つので，$a_{n+1} + a_n - 1$ となる．数列の決め方から，これは $a_{n+2} - 1$ と一致する．

問 1.19 例 1.26 で与えた $a_0, a_1, a_2, \cdots$ に対し，次の問に答えよ．

(1) $n \geq 0$ に対し，$a_0 + a_1 + \cdots + a_{2n} = a_{2n+1}$ が成り立つ．

(2) $n \geq 1$ に対し，$a_0^2 + a_1^2 + \cdots + a_n^2 = a_n a_{n+1}$ が成り立つ．

第 2 章

ベクトルと平面・空間図形

　この章では，平面や空間内のもっとも基本的な図形である直線，平面，球面について座標やベクトルを用いた記述法とその幾何学的性質について述べる．座標の概念はすでに，小学校以来高等学校までの数学で多くを学んでいると思われるので，ここでは，簡単な復習から始めて，主に一般の直線，平面，球面を方程式で表わす．この場合，直線や平面は 1 次方程式で書き表わされる図形であり，円は 2 次方程式で表わされる図形である．これらの図形に対して，ベクトルや 2 次行列の性質を用いてその幾何学的性質を述べることが，この章の主な目的である．

　この章および第 3 章で必要なベクトルや行列の知識は，高等学校の教科書に書かれている範囲であるが，[1] 等にも基本的な事実が書かれている．または，本格的に線形代数の本 [2] 等も参照すればより知識が深まると思われる．

2.1　平面ベクトルと平面図形

　平面上のベクトルや図形については，すでに高等学校の数学で学んでいると思われるので，簡単に説明する．最初に直線上の座標の決め方を復習する．

　直線 ℓ 上に **原点** O と，単位を決めるための点 E をとる．いま直線 ℓ 上の点 P の位置を表わすには，線分 OP の長さを線分 OE の長さを 1 として測り，P が O に対して E と同じ側にあるとき正，反対側にあるとき負の値を対応させる．このようにして決まった実数 x を点 P の **座標** とよんだ．通常，平面上に引いた直線上では，O に対して右側に E を配置する．したがって，右方向が正の方向

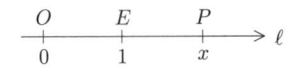

図 **2.1**　数直線

を表わすと約束する．直線上の座標に関しては高等学校までにすでに多くを学んでいるので，ここでは詳しくは述べない．

平面上の点を座標で表わすためには，交わる 2 本の直線 ℓ_1, ℓ_2 をとり，その交点 O を**原点**として，ℓ_1 上に単位を決める点 E_1 と ℓ_2 上に単位を決める点 E_2 をとる．この場合も慣習に従って，通常は ℓ_1 の正の方向に対して直線 ℓ_2 が左側に見えるように配置する．このとき，平面上の点 P を通って ℓ_2 に平行な直線が ℓ_1 と交わる点の直線座標を x として，P を通って ℓ_1 に平行な直線が ℓ_2 と交わる点の直線座標を y とするとき，2 つの実数の組 (x, y) を点 P の**平行座標**とよび，$P(x, y)$ と表わす．また，省略して，座標 (x, y) そのものを点と同一視することもある．とくに，ℓ_1 と ℓ_2 が直交するとき (x, y) を点 P の**直交座標**という．

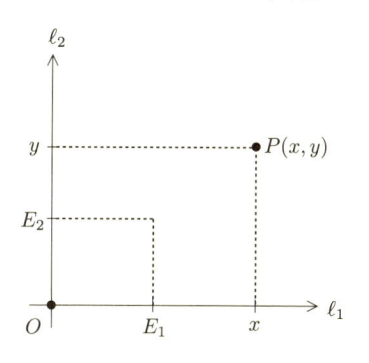

図 2.2　直交座標

今後，直交座標のみを考える．直交座標では，2 点間の距離を表わすことができる．2 点 $A(x_1, y_2)$, $B(x_2, y_2)$ の距離 $\overline{AB}$ はピタゴラスの定理から

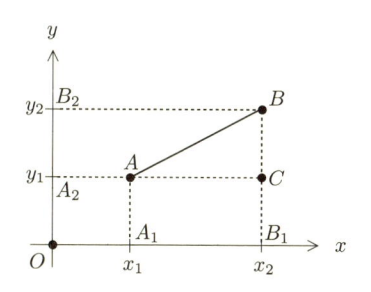

図 2.3　A, B 間の距離

$$\overline{AB} = \sqrt{(x_1-x_2)^2 + (y_1-y_2)^2}$$

である．

すでに高等学校でも習ったように，平面上の点 A, B に対して，A から B へ引いた矢印を有向線分 $\overrightarrow{AB}$ とよび，その大きさと向きだけを考え位置を無視したものを**ベクトル**とよぶ．すなわち，有向線分 $\overrightarrow{AB}$ と有向線分 $\overrightarrow{CD}$ は平行移動で重ね合わせることができるときは同じベクトルを表わす．

ここでは，ベクトルは太文字の小文字 $\boldsymbol{a}, \boldsymbol{b}, \boldsymbol{c}, \cdots, \boldsymbol{x}, \boldsymbol{y}$ 等で表わす．例えば，A を**始点**として B を**終点**とするベクトル $\boldsymbol{a}$ を $\boldsymbol{a} = \overrightarrow{AB}$ と書く．したがって，2つの有向線分 $\overrightarrow{AB}$ と $\overrightarrow{CD}$ が平行移動で重なり合うとき，それらは同じベクトルと定め，$\boldsymbol{a} = \overrightarrow{AB} = \overrightarrow{CD}$ である．

ゆえに，どんなベクトル $\boldsymbol{a}$ も始点を原点 O に平行移動することにより，ある点 A が存在して $\boldsymbol{a} = \overrightarrow{OA}$ と表わすことができる．点 A の座標が (a_1, a_2) のとき，この座標をベクトル $\boldsymbol{a}$ の**成分**とよび，$\boldsymbol{a} = (a_1, a_2)$ と書く．このとき，a_1 を $\boldsymbol{a}$ の x **成分**，a_2 を $\boldsymbol{a}$ の y **成分**とよぶ．

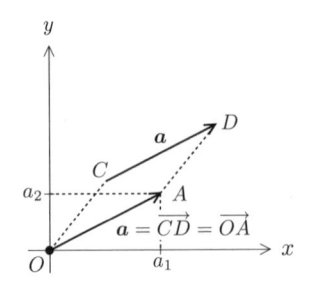

図 **2.4** ベクトルの成分

ベクトルの和や実数倍の定義は高等学校で習っているので省略するが，成分で表わしたときの和と実数倍は以下のように与えられた：ベクトル $\boldsymbol{a} = (a_1, a_2), \boldsymbol{b} = (b_1, b_2)$ と実数 λ に対して，

$$\boldsymbol{a} + \boldsymbol{b} = (a_1 + b_1, a_2 + b_2), \ \lambda\boldsymbol{a} = (\lambda a_1, \lambda a_2)$$

である．また，2つのベクトル $\boldsymbol{a}$ と $\boldsymbol{b}$ が**平行**となる (向きは逆でも良い) のは，ある実数 μ が存在して $\boldsymbol{b} = \mu\boldsymbol{a}$ と書かれることであった．

さらに，重要なベクトルとして，$\mathbf{0} = (0,0)$ と $\mathbf{e}_1 = (1,0), \mathbf{e}_2 = (0,1)$ がある．$\mathbf{0}$ は**零ベクトル**とよばれ，任意のベクトル $\mathbf{a}$ に対して，$\mathbf{a} + \mathbf{0} = \mathbf{a}$ を満たす．また，$\mathbf{e}_1, \mathbf{e}_2$ は**基本ベクトル**とよばれるが，その理由は，任意のベクトル $\mathbf{a} = (a_1, a_2)$ が $\mathbf{a} = a_1 \mathbf{e}_1 + a_2 \mathbf{e}_2$ と分解されるからである．

また，ベクトルの成分表示には

$$\text{行ベクトル表示 } \mathbf{a} = (a_1, a_2) \text{ と 列ベクトル表示 } \mathbf{a} = \begin{pmatrix} a_1 \\ a_2 \end{pmatrix}$$

の 2 種類がある．どちらも座標平面上で同じベクトルを表わすが，使い方によっては意味が変わることもある．ここでは主に行ベクトル表示を用いる．これまでのベクトルの性質等については，座標が直交座標である必要はないが，直交座標を採用することにより，ベクトルの大きさを成分によって書くことができる．直交座標では 2 点間の距離が定まるので，ベクトル $\mathbf{a}$ の**大きさ**（**長さ**，**ノルム**）は $\|\mathbf{a}\| = \sqrt{a_1^2 + a_2^2}$ である．いま，2 つの零でないベクトル $\mathbf{a} = (a_1, a_2)$ と $\mathbf{b} = (b_1, b_2)$ のなす角を θ ($0 \leq \theta \leq \pi$) とするとき，高等学校の数学では $\mathbf{a}, \mathbf{b}$ の**内積**は

$$\mathbf{a} \cdot \mathbf{b} = \|\mathbf{a}\| \|\mathbf{b}\| \cos \theta$$

と定義された．このとき以下が成り立つ．

命題 2.1 $\mathbf{a}, \mathbf{b}$ の内積は成分で表わすと

$$\mathbf{a} \cdot \mathbf{b} = a_1 b_1 + a_2 b_2$$

である．

証明 $\mathbf{a} = \overrightarrow{OA}, \mathbf{b} = \overrightarrow{OB}$ とすると $\overrightarrow{AB} = \mathbf{b} - \mathbf{a} = (b_1 - a_1, b_2 - a_2)$ である．このとき $\triangle OAB$ に余弦定理を適用すると，

$$\overline{AB}^2 = \overline{OA}^2 + \overline{OB}^2 - 2\overline{OA} \cdot \overline{OB} \cos \theta$$

である．ここで，$\overline{AB} = \|\mathbf{b} - \mathbf{a}\|, \overline{OA} = \|\mathbf{a}\|, \overline{OB} = \|\mathbf{b}\|$ なので，この式は

$$\|\mathbf{b} - \mathbf{a}\|^2 = \|\mathbf{a}\|^2 + \|\mathbf{b}\|^2 - 2\mathbf{a} \cdot \mathbf{b}$$

となる．一方，定義に従って計算すると

$$\|\mathbf{b} - \mathbf{a}\|^2 = (b_1 - a_1)^2 + (b_2 - a_2)^2 = \|\mathbf{a}\|^2 + \|\mathbf{b}\|^2 - 2(a_1 b_1 + a_2 b_2)$$

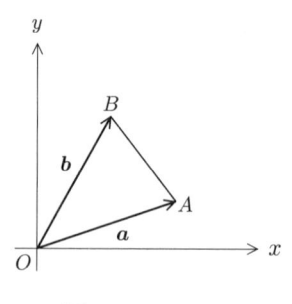

図 2.5 △OAB

となるので，$a \cdot b = a_1 b_1 + a_2 b_2$ となる． □

したがって，$a \neq 0, b \neq 0$ のとき

$$\cos \theta = \frac{a \cdot b}{\|a\|\|b\|} = \frac{a_1 b_1 + a_2 b_2}{\sqrt{a_1^2 + a_2^2}\sqrt{b_1^2 + b_2^2}}$$

となる．特に $\theta = \dfrac{\pi}{2}$ のとき，a と b は直交するが，それは条件 $a \cdot b = 0$ に同値である．また，定義から $a \cdot a = \|a\|^2$ が成り立ち，したがって $\|a\| = \sqrt{a_1^2 + a_2^2} = \sqrt{a \cdot a}$ である．ここで，内積の持つ基本的性質をあげる．

$$a \cdot b = b \cdot a$$
$$(a + b) \cdot c = a \cdot c + b \cdot c$$
$$a \cdot (b + c) = a \cdot b + a \cdot c$$
$$(\lambda a) \cdot b = a \cdot (\lambda b) = \lambda(a \cdot b)$$

問 2.1 上にあげた，内積の性質を証明せよ．

問 2.2 $a \cdot b = a_1 b_1 + a_2 b_2$ のみを仮定して，シュヴァルツの不等式

$$\|a\|\|b\| \geq |a \cdot b|$$

を示せ．

2.2 平面上の直線

点 A, B を通る直線を g とする．このとき，P を直線 g 上の任意の点として $\bm{a} = \overrightarrow{OA}, \bm{b} = \overrightarrow{OB}, \bm{p} = \overrightarrow{OP}$ とおく．したがって，$\overrightarrow{AB} = \bm{b} - \bm{a}, \overrightarrow{AP} = \bm{p} - \bm{a}$ と

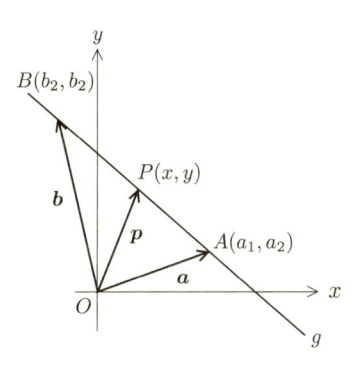

図 2.6 直線 g 上の点 A, B, P

なる．$\overrightarrow{AB}$ と $\overrightarrow{AP}$ は平行なので，ある実数 t が存在して $\bm{p} - \bm{a} = t(\bm{b} - \bm{a})$ が成り立つ．ゆえに，

$$\bm{p} = \bm{a} + t(\bm{b} - \bm{a}) \tag{2.1}$$

が得られる．このとき，実数 t を任意の実数とすると，$\bm{p}$ は直線 g 上のすべての点を示す．この式 (2.1) を**直線のベクトル方程式** (パラメータ型) あるいは**直線のパラメータ表示**という．ここで，それぞれの点の座標を $A(a_1, a_2)$, $B(b_1, b_2)$, $P(x, y)$ とすると $\bm{a} = (a_1, a_2)$, $\bm{b} = (b_1, b_2)$, $\bm{p} = (x, y)$, $\overrightarrow{AB} = (b_1 - a_1, b_2 - a_2)$ となり，直線 g のパラメータ表示 (2.1) は

$$\begin{cases} x = a_1 + t(b_1 - a_1) \\ y = a_2 + t(b_2 - a_2) \end{cases}$$

となる．この式も直線 g のパラメータ表示という．この式から，実数 t を消去すると

$$(b_2 - a_2)x + (a_1 - b_1)y + (a_2 b_1 - a_1 b_2) = 0$$

が得られるが，ここで，$a = b_2 - a_2, b = a_1 - b_1, c = a_2b_1 - a_1b_2$ とおくと座標平面上の直線の方程式

$$ax + by + c = 0 \tag{2.2}$$

となる．

　この直線の方程式から分かる幾何学的性質を調べるために，直線 g の他の表示方法を与える．いま，原点 O から直線 g 上への垂線 OH に対してその位置ベクトル $\overrightarrow{OH}$ と向きが同じで大きさが 1 のベクトルを $\boldsymbol{h}$ とする．また，OH の長さを p とすると，$\overrightarrow{OH} = p\boldsymbol{h}$ となる．さらに，P を直線 g 上の任意の点として，$\boldsymbol{p} = \overrightarrow{OP}$ とするならば OH は直線 g へ引いた垂線なので，$\cos \angle POH = \dfrac{p}{OP}$ である．したがって，

$$\boldsymbol{p} \cdot \boldsymbol{h} = \|\boldsymbol{p}\|\|\boldsymbol{h}\| \cos \angle POH = \|\boldsymbol{p}\| \cos \angle POH = \|\boldsymbol{p}\| \frac{p}{\|\boldsymbol{p}\|} = p$$

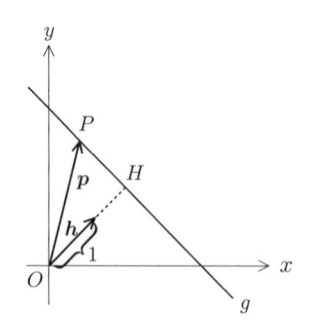

図 2.7　直線 g に垂直なベクトル $\boldsymbol{h}$

が得られる．この式

$$\boldsymbol{p} \cdot \boldsymbol{h} = p \tag{2.3}$$

を直線 g のベクトル方程式とよぶ．ここで，$\boldsymbol{p} = (x, y)$，x 軸の正の方向と $\boldsymbol{h}$ のなす角を α とすると $\boldsymbol{h} = (\cos \alpha, \sin \alpha)$ となり (2.3) は

$$x \cos \alpha + y \sin \alpha = p \quad (p \geq 0)$$

となる．この式をヘッセの標準形とよぶ (ベクトル方程式 (2.3) もヘッセの標準

形とよぶ). このとき, 以下が成立する.

命題 2.2 直線 $g: ax+by+c=0$ について, ベクトル $\bm{k}=(a,b)$ は g に垂直である. さらに
$$\bm{e} = \frac{\bm{k}}{\|\bm{k}\|} = \left(\frac{a}{\sqrt{a^2+b^2}}, \frac{b}{\sqrt{a^2+b^2}}\right)$$
は g に垂直な単位ベクトルであり, 原点 O から g に垂線 $\overrightarrow{OH}$ を引けば
$$\overrightarrow{OH} = -\frac{c}{\|\bm{k}\|}\bm{e}, \quad \overline{OH} = \frac{|c|}{\sqrt{a^2+b^2}}$$
である.

証明 直線 g 上に 2 点 $A(x_1, y_1), B(x_2, y_2)$ をとると,
$$ax_1 + by_1 + c = 0, \quad ax_2 + by_2 + c = 0$$
を満たす. ここで, 辺々引くと $a(x_1 - x_2) + b(y_1 - y_2) = 0$ が得られるが, この式は $\bm{k} \cdot \overrightarrow{BA} = 0$ を意味している. したがって, $\bm{k}$ は g に垂直である.

次に g 上の点 $P(x,y)$ をとり, $\bm{p} = \overrightarrow{OP} = (x,y)$ とおく. P は g 上の点なので $\bm{p} \cdot \bm{k} + c = ax + by + c = 0$ を満たす. 両辺を $\|\bm{k}\|$ で割ると,
$$\bm{p} \cdot \bm{e} + \frac{c}{\|\bm{k}\|} = \bm{p} \cdot \left(\frac{1}{\|\bm{k}\|}\right) + \frac{c}{\|\bm{k}\|} = \frac{1}{\|\bm{k}\|}(\bm{p} \cdot \bm{k}) + \frac{c}{\|\bm{k}\|} = 0$$
を得る. ゆえに, $\bm{p} \cdot \bm{e} = -\frac{c}{\|\bm{k}\|}$ である. ここで, ヘッセの標準形から $\bm{p} \cdot \bm{h} = p \, (p \geq 0)$ で, さらに $\bm{h}$ と $\bm{e}$ は平行な単位ベクトルなので比較すると, $c < 0$ のとき $\bm{e} = \bm{h}$ で $c > 0$ のとき $\bm{e} = -\bm{h}$ であることが分かる. また,
$$\overline{OH} = p = \left|-\frac{c}{\|\bm{k}\|}\right| = \frac{|c|}{\sqrt{a^2+b^2}}$$
となり, したがって,
$$\overrightarrow{OH} = p\bm{h} = \frac{|c|}{\|\bm{k}\|}\bm{h} = -\frac{c}{\|\bm{k}\|}\bm{e}$$
を得る. □

2.3 空間ベクトル

空間ベクトルについても，高等学校の数学で学んだように，平面を空間に変えただけで方向と大きさを持った量として定義される．

最初に 3 次元空間について復習する．3 次元空間において，直交座標を入れるには，まず原点 O を決めて，そこを通る直交する 3 本の直線を考え，それらを x 軸，y 軸，z 軸と名付ける．その方法は 2 通りあって，図 2.8 のように入れるのが右手系，図 2.9 は左手系である．

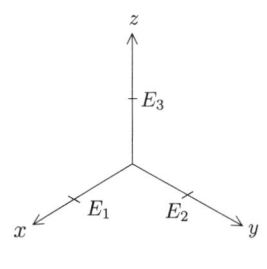

図 2.8 右手系

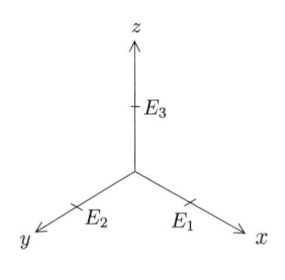

図 2.9 左手系

現在は右手系が主流なのでここでもそれに従う．座標に関するさまざまな性質などはすでに分かっているものとして話を進める．また，平面の場合と同様に 2 点 $A(x_1, y_1, z_1)$，$B(x_2, y_2, z_2)$ の距離 $\overline{AB}$ はピタゴラスの定理から

$$\overline{AB} = \sqrt{(x_1-x_2)^2 + (y_1-y_2)^2 + (z_1-z_2)^2}$$

である．

平面の場合と同様に，線分に向きを付けたものが有向線分で，3 次元空間に異なる 2 点 $A(x_1, y_1, z_1)$, $B(x_2, y_2, z_2)$ を取れば，1 つの有向線分 $\overrightarrow{AB}$ ができ，このとき平面の場合と同様に，**ベクトル** $\boldsymbol{a} = \overrightarrow{AB}$ 等と書く．また，座標 $(x_2 - x_1, y_2 - y_1, z_2 - z_1)$ が定まるが，この座標をこのベクトル $\boldsymbol{a} = \overrightarrow{AB}$ の**成分**とよび，$\boldsymbol{a} = (x_2 - x_1, y_2 - y_1, z_2 - z_1)$ と書く．ここでも，平行移動で重なりあう有向線分は同じベクトルを定めるとするので，どんなベクトル $\boldsymbol{a}$ も始点を原点 O に平行移動することによりある点 $X(x, y, z)$ が存在して，$\boldsymbol{a} = \overrightarrow{OX}$ となる．この場合，$\boldsymbol{a} = (x, y, z)$ である．空間ベクトルにも和と実数 (スカラー) 倍の 2 種類の演算が存在するが，成分でみると以下のように解釈できる．2 つの数ベクトル $\boldsymbol{a} = (x_1, y_1, z_1)$, $\boldsymbol{b} = (x_2, y_2, z_2)$ の和は

$$\boldsymbol{a} + \boldsymbol{b} = (x_1 + x_2, y_1 + y_2, z_1 + z_2)$$

である．またベクトル $\boldsymbol{a} = (x, y, z)$ と実数 c について

$$c\boldsymbol{a} = (cx, cy, cz)$$

である．

3 つのベクトル $\boldsymbol{e}_1 = (1, 0, 0), \boldsymbol{e}_2 = (0, 1, 0), \boldsymbol{e}_3 = (0, 0, 1)$ を**基本ベクトル**とよぶ．このとき任意のベクトル $\boldsymbol{a} = (a_1, a_2, a_3)$ は，基本ベクトルを用いて

$$\boldsymbol{a} = (a_1, 0, 0) + (0, a_2, 0) + (0, 0, a_3) = a_1\boldsymbol{e}_1 + a_2\boldsymbol{e}_2 + a_3\boldsymbol{e}_3$$

とつねに表わされる．座標軸を定めた，単位点 E_1, E_2, E_3(図 2.8) を考えると $\boldsymbol{e}_1 = \overrightarrow{OE_1}, \boldsymbol{e}_2 = \overrightarrow{OE_2}, \boldsymbol{e}_3 = \overrightarrow{OE_3}$ である．ここで，ベクトル $\boldsymbol{a} = (a_1, a_2, a_3)$ の**大きさ (ノルム)** を平面の場合と同様に

$$\|\boldsymbol{a}\| = \sqrt{a_1^2 + a_2^2 + a_3^2}$$

と定義する．また，$\boldsymbol{a} = (a_1, a_2, a_3), \boldsymbol{b} = (b_1, b_2, b_3)$ の**内積**も

$$\boldsymbol{a} \cdot \boldsymbol{b} = \|\boldsymbol{a}\|\|\boldsymbol{b}\|\cos\theta$$

と定める．ただし，θ は 2 つのベクトルのなす角である．このとき，平面ベクトルの場合と同様にして，

$$\boldsymbol{a} \cdot \boldsymbol{b} = a_1 b_1 + a_2 b_2 + a_3 b_3$$

となることが分かる．

問 2.3 上の式を証明せよ．

したがって，$a \neq 0, b \neq 0$ のとき，
$$\cos\theta = \frac{a \cdot b}{\|a\|\|b\|} = \frac{a_1 b_1 + a_2 b_2 + a_3 b_3}{\sqrt{a_1^2 + a_2^2 + a_3^2}\sqrt{b_1^2 + b_2^2 + b_3^2}}$$

が成り立つ．特に，a, b が**垂直**であるための必要十分条件は $a \cdot b = 0$，言い換えると $a_1 b_1 + a_2 b_2 + a_3 b_3 = 0$ が成り立つことである．空間ベクトルの内積の持つ基本的性質は，平面ベクトルの場合とまったく同じなので，ここでは省略する．このように，2 つのベクトルのなす角を用いて内積が定義され，それは座標を用いて $a \cdot b = a_1 b_1 + a_2 b_2 + a_3 b_3$ と書かれることが分かったが，逆の道筋をたどってもよい．実は，内積がこのように与えられることが，空間が直交座標系 (ユークリッド空間) であることを規定している．実際，座標軸を決める基本ベクトル e_1, e_2, e_3 は，$e_1 \cdot e_2 = e_2 \cdot e_3 = e_3 \cdot e_1 = 0$ となり，互いに直交していることが内積から決まっていることが分かる．詳しくは，線形代数の教科書 [2] を参照してほしい．

2.4 空間ベクトルの外積とスカラー 3 重積

2 つの空間ベクトル $a = (a_1, a_2, a_3), b = (b_1, b_2, b_3)$ に対して，その**外積** (ベクトル積) を
$$a \times b = (a_2 b_3 - a_3 b_2, a_3 b_1 - a_1 b_3, a_1 b_2 - a_2 b_1)$$

と定める．空間ベクトルの外積には以下の基本的性質が成り立つ．ベクトル a, b, c と実数 λ, μ に対して，

(1) $a \times a = 0$
(2) $a \times b = -b \times a$
(3) $a \times (\lambda b + \mu c) = \lambda a \times b + \mu a \times c$
(4) $a \times (b \times c) = (a \cdot c)b - (a \cdot b)c$
(5) $(a \times b) \times c = (a \cdot c)b - (b \cdot c)a$

例えば，性質 (1) は，$a \times a = (a_2 a_3 - a_3 a_2, a_3 a_1 - a_1 a_3, a_1 a_2 - a_2 a_1) = (0, 0, 0) =$

$\mathbf{0}$ なので成立する．他の性質も直接定義に当てはめて計算すれば示すことができる．

問 2.4 性質 (2), (3), (4), (5) を示せ．

以下の命題が成り立つ．

命題 2.3 ベクトル $\bm{a}, \bm{b}$ のなす角を θ とすると，
$$\|\bm{a} \times \bm{b}\| = \|\bm{a}\|\|\bm{b}\| \sin\theta = \sqrt{\|\bm{a}\|^2\|\bm{b}\|^2 - (\bm{a}\cdot\bm{b})^2}$$
が成り立つ．

証明 定義から，直接計算することにより，
$$\|\bm{a} \times \bm{b}\|^2 = \|\bm{a}\|^2\|\bm{b}\|^2 - (\bm{a}\cdot\bm{b})^2$$
が成り立つことが分かる．一方，
$$\|\bm{a}\|^2\|\bm{b}\|^2 \sin^2\theta = \|\bm{a}\|^2\|\bm{b}\|^2(1 - \cos^2\theta)$$
$$= \|\bm{a}\|^2\|\bm{b}\|^2 - \|\bm{a}\|^2\|\bm{b}\|^2 \cos^2\theta = \|\bm{a}\|^2\|\bm{b}\|^2 - (\bm{a}\cdot\bm{b})^2$$
となる． □

さらに以下が成り立つ．

補題 2.1 2 つのベクトル $\bm{a}$ と $\bm{b}$ が平行であるための必要十分条件は $\bm{a} \times \bm{b} = \mathbf{0}$ である．

証明 ベクトル $\bm{a}$ と $\bm{b}$ が平行であるとは，言い換えるとある零でない実数 λ が存在して，$\bm{a} = \lambda\bm{b}$ が成り立つことである．このとき，$\bm{a} \times \bm{b} = \lambda\bm{b} \times \bm{b} = \lambda(\bm{b} \times \bm{b}) = \mathbf{0}$ が成り立つ．逆に，$\bm{a} \times \bm{b} = \mathbf{0}$ とすると，$0 = \|\bm{a} \times \bm{b}\| = \|\bm{a}\|\|\bm{b}\| \sin\theta$ となり，$\sin\theta = 0$ すなわち $\theta = 0$ または $\theta = \pi$ が成り立つ． □

ここで，$\|\bm{a} \times \bm{b}\| = \|\bm{a}\|\|\bm{b}\| \sin\theta$ であるが，図 2.10 からこの値は，$\bm{a} = \overrightarrow{OA}, \bm{b} = \overrightarrow{OB}, \bm{a} + \bm{b} = \overrightarrow{OC}$ としたときの平行四辺形 $OABC$ の面積であることが分かる．この平行四辺形 $OABC$ をベクトル $\bm{a}, \bm{b}$ の張る平行四辺形とよぶ．

補題 2.2 $\bm{a} \times \bm{b}$ は大きさが，ベクトル $\bm{a}, \bm{b}$ の張る平行四辺形の面積に等しい．

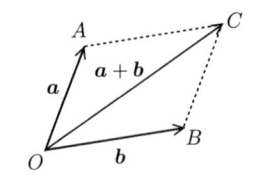

図 2.10　平行四辺形 $OABC$

さらに，
$$\boldsymbol{a} \cdot (\boldsymbol{a} \times \boldsymbol{b}) = a_1(a_2b_3 - a_3b_2) + a_2(a_3b_1 - a_1b_3) + a_3(a_1b_2 - a_2b_1) = 0$$
となり，同様な計算から $\boldsymbol{b} \cdot (\boldsymbol{a} \times \boldsymbol{b}) = 0$ も分かる．したがって以下の補題が成り立つ．

補題 2.3　$\boldsymbol{a} \times \boldsymbol{b}$ は $\boldsymbol{a}, \boldsymbol{b}$ 双方に垂直である．

このように，$\boldsymbol{a} \times \boldsymbol{b}$ は $\boldsymbol{a}, \boldsymbol{b}$ に垂直で，その大きさが $\boldsymbol{a}, \boldsymbol{b}$ の張る平行四辺形の面積に等しいベクトルであることが分かった．いま，$\boldsymbol{a}, \boldsymbol{b}$ に垂直なベクトルの方向は 2 方向あるので，どちらの方向かを決めれば，$\boldsymbol{a} \times \boldsymbol{b}$ が完全に決まることとなる．それは，このベクトルの並べ方 $\boldsymbol{a}, \boldsymbol{b}, \boldsymbol{a} \times \boldsymbol{b}$ が右手系か左手系かを判定すればよい．ここで，空間内の回転運動の以下の基本的性質を仮定する．厳密には線形代数の本を参照してほしい ([2])．

(1)　3 つのベクトルの並べ方 $\boldsymbol{a}, \boldsymbol{b}, \boldsymbol{c}$ が右手系か左手系かという性質は回転運動で不変である．

(2)　ベクトルの大きさは回転運動で不変である．

(3)　2 つのベクトルのなす角は回転運動で不変である．

これら，3 つの性質は厳密には線形代数の中で証明されることであるが，本書では，線形代数における厳密な定式化よりもむしろ高等学校までに習得している幾何学的な感覚を重視するので，上記 3 つの性質は明らかな性質として扱う．

ここで，$\boldsymbol{a}, \boldsymbol{b}, \boldsymbol{a} \times \boldsymbol{b}$ の 3 つのベクトルの並べ方を一斉に回転移動で $\boldsymbol{a}$ を x 軸の正方向のベクトル $\tilde{\boldsymbol{a}}$ へ，$\boldsymbol{b}$ を xy 平面上のベクトル $\tilde{\boldsymbol{b}}$ へ移動する (図 2.11)．すなわち，$\boldsymbol{a}$ はある正の実数 λ が存在して，$\tilde{\boldsymbol{a}} = \lambda \boldsymbol{e}_1$ である．言い換えるとそれ

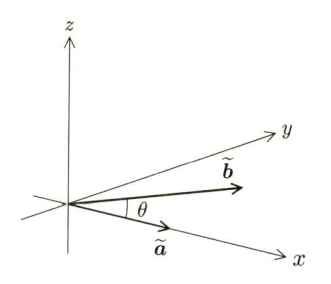

2.4 空間ベクトルの外積とスカラー3重積

図 2.11 ベクトル a と b の位置

ぞれのベクトルの成分は $\widetilde{a} = (\widetilde{a}_1, 0, 0)\ (\widetilde{a}_1 > 0)$, $\widetilde{b} = (\widetilde{b}_1, \widetilde{b}_2, 0)$ という形のベクトルに回転移動で移動する．ただし $\widetilde{b}_2 > 0$ と仮定する．このとき，a, b の張る平行四辺形の面積は回転移動で不変なので，$\|a \times b\| = \|\widetilde{a} \times \widetilde{b}\|$ が成り立つ．また，$a \times b$ は a, b に垂直なので，その回転移動先 $\widetilde{a \times b}$ は z 軸上にあり，その大きさは $\|a \times b\|$ である．一方，

$$a \cdot \{b \times (a \times b)\} = a \cdot \{(a \cdot b)a - (b \cdot a)b\} = \|b\|^2 \|a\|^2 - (a \cdot b)^2$$
$$= \|a \times b\|^2 = \|\widetilde{a} \times \widetilde{b}\|^2 = \widetilde{a} \cdot \{\widetilde{b} \times (\widetilde{a} \times \widetilde{b})\}$$

が成り立つ．

ここで，一般に 3 つのベクトル a, b, c について，上記の性質 (2)(3) により，内積 $a \cdot b = \|a\| \|b\| \cos \alpha$ は回転移動で不変 (ただし，α は a, b のなす角とする) となり，

$$a \cdot \{b \times (a \times b)\} = \widetilde{a} \cdot \{\widetilde{b} \times \widetilde{(a \times b)}\}$$

である．いま，$\widetilde{a \times b}$ と $\widetilde{a} \times \widetilde{b}$ はともに z 軸上にあり大きさが等しい．もし，$\widetilde{a \times b} = -\widetilde{a} \times \widetilde{b}$ と仮定すると，

$$\widetilde{a} \cdot \{\widetilde{b} \times \widetilde{(a \times b)}\} = \widetilde{a} \cdot \{\widetilde{b} \times (-\widetilde{a \times b})\}$$
$$= -\widetilde{a} \cdot \{\widetilde{b} \times (\widetilde{a} \times \widetilde{b})\} = -a \cdot \{b \times (a \times b)\}$$

となり矛盾する．したがって，$\widetilde{a \times b} = \widetilde{a} \times \widetilde{b}$ であることが分かる．一方，$\widetilde{a} = (\widetilde{a}_1, 0, 0)$, $\widetilde{b} = (\widetilde{b}_1, \widetilde{b}_2, 0)$ から $\widetilde{a} \times \widetilde{b} = (0, 0, \widetilde{a}_1 \widetilde{b}_2)$ で，$\widetilde{a}_1 \widetilde{b}_2 > 0$ なので，その方向は z 軸の正の方向を向いている．したがって，3 つのベクトルの並べ方 $\widetilde{a}, \widetilde{b}, \widetilde{a} \times$

$\tilde{b}$ は右手系をなす．$\tilde{b}_2 < 0$ の場合は，$\tilde{a}_1\tilde{b}_2 < 0$ であり，$\tilde{a} \times \tilde{b}$ の方向は z 軸の負の方向となる．この場合も並べ方 $\tilde{a}, \tilde{b}, \tilde{a} \times \tilde{b}$ は右手系をなす．いま，右手系か左手系かは空間内の回転移動で不変な性質なので，$a, b, a \times b$ は右手系をなすことが分かる．したがって以下が分かった．

定理 2.1 空間内の2つのベクトル a, b に対して，その外積 $a \times b$ は大きさがベクトル a, b の張る平行四辺形の面積に等しく，その方向は a, b に垂直であり，3つのベクトルの並べ方 $a, b, a \times b$ が右手系をなす方向を向いているベクトルである．

次に，3つのベクトル a, b, c に対して，**スカラー3重積**を

$$[a, b, c] = a \cdot (b \times c)$$

と定義する．

問 2.5 $a \cdot (b \times c) = b \cdot (c \times a) = c \cdot (a \times b)$ を示せ．

スカラー3重積には，以下の基本的性質がある．

命題 2.4 任意の空間ベクトルに対して，以下が成り立つ：
(1) $[a, b, c] = -[b, a, c] = -[a, c, b] = -[c, b, a]$
(2) $[a + a', b, c] = [a, b, c] + [a', b, c]$
(3) $[\lambda a, b, c] = \lambda [a, b, c]$

証明 (1)
$$[a, b, c] = a \cdot (b \times c) = c \cdot (a \times b) = c \cdot \{-(b \times a)\}$$
$$= -c \cdot (b \times a) = -b \cdot (a \times c) = -[b, a, c]$$

である．他の関係式も

$$-b \cdot (a \times c) = -a \cdot (c \times b) = -[a, c, b],$$
$$-a \cdot (c \times b) = -c \cdot (b \times a) = -[c, b, a]$$

と得られる． □

問 2.6 上の命題の (2), (3) を示せ．

次にスカラー3重積 $[\bm{a},\bm{b},\bm{c}]$ の幾何学的意味を考える．ここで，$\bm{a}\times\bm{b}$ の大きさ $\|\bm{a}\times\bm{b}\|$ は $\bm{a},\bm{b}$ の張る平行四辺形の面積である．ここで，$\bm{c}$ と $\bm{a}\times\bm{b}$ のなす角を θ とすると，$h=\|\bm{c}\|\cos\theta$ と表わすと $|h|$ は $\bm{c}$ の $\bm{a},\bm{b}$ の張る平行四辺形からの高さを表わす．ここで，$[\bm{a},\bm{b},\bm{c}] = \bm{c}\cdot(\bm{a}\times\bm{b}) = \|\bm{c}\|\|\bm{a}\times\bm{b}\|\cos\theta = \|\bm{a}\times\bm{b}\|h$ なので，$|[\bm{a},\bm{b},\bm{c}]| = \|\bm{a}\times\bm{b}\|\|h\|$ は $\bm{a},\bm{b},\bm{c}$ の張る平行六面体の体積に一致する (図 2.12)．

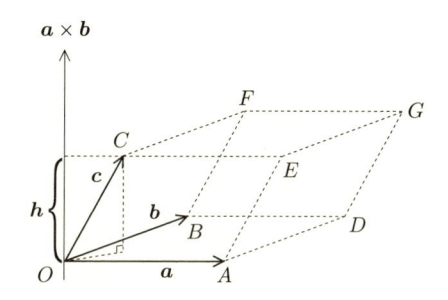

図 2.12 平行六面体 $OABCDEFG = \bm{a},\bm{b},\bm{c}$ の張る平行六面体

ここで，$\bm{a}=\overrightarrow{OA}, \bm{b}=\overrightarrow{OB}, \bm{c}=\overrightarrow{OC}$ に対して，$\bm{a}+\bm{b}=\overrightarrow{OD}, \bm{a}+\bm{c}=\overrightarrow{OE}, \bm{b}+\bm{c}=\overrightarrow{OF}, \bm{a}+\bm{b}+\bm{c}=\overrightarrow{OG}$ とするとき，8点 O, A, B, C, D, E, F, G が決める平行六面体をベクトル $\bm{a},\bm{b},\bm{c}$ の**張る平行六面体**とよぶ．まとめると，以下の命題となる．

命題 2.5 空間ベクトル $\bm{a},\bm{b},\bm{c}$ のスカラー3重積 $[\bm{a},\bm{b},\bm{c}]$ の絶対値は $\bm{a},\bm{b},\bm{c}$ の張る平行六面体の体積に等しい．

問 2.7 $\bm{a}_1 = (a_{11}, a_{12}, a_{13}), \bm{a}_2 = (a_{21}, a_{22}, a_{23}), \bm{a}_3 = (a_{31}, a_{32}, a_{33})$ とすると

$$[\bm{a}_1, \bm{a}_2, \bm{a}_3] = (a_{11}a_{22}a_{33}) + (a_{12}a_{23}a_{31}) + (a_{13}a_{32}a_{21})$$
$$- (a_{13}a_{22}a_{31}) - (a_{12}a_{21}a_{33}) - (a_{11}a_{32}a_{23})$$

が成り立つことを示せ．

上の問いにおける右辺の式は3次行列

$$\begin{pmatrix} a_{11} & a_{12} & a_{13} \\ a_{21} & a_{22} & a_{23} \\ a_{31} & a_{32} & a_{33} \end{pmatrix}$$

の**行列式**とよばれ，

$$\begin{vmatrix} a_{11} & a_{12} & a_{13} \\ a_{21} & a_{22} & a_{23} \\ a_{31} & a_{32} & a_{33} \end{vmatrix}$$

と表わす．この右辺の式は以下のように規則的な計算方法があり，この方法は**サラスの展開**とよばれる．詳しくは線形代数の本を参照してほしい ([2], 94 ページ).

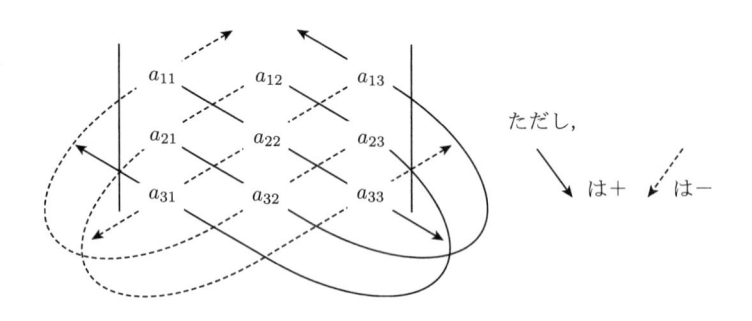

図 2.13 サラスの展開；矢印に沿ってかける．

2.5 空間図形と方程式

ここでは，3 次元空間内の 1 次図形である直線と平面の性質について述べる．今後，3 次元空間を単に空間とよぶ．平面の場合と同様に，点 $A(a_1, a_2, a_3)$, $B(b_1, b_2, b_3)$ を通る直線 g のパラメータ表示は，ベクトル $\boldsymbol{a} = (a_1, a_2, a_3)$, $\boldsymbol{b} = (b_1, b_2, b_3)$ に対して，

$$\boldsymbol{p} = \boldsymbol{a} + t(\boldsymbol{b} - \boldsymbol{a}) \tag{2.4}$$

である．ここで，$\boldsymbol{p} = (x, y, z)$ とすると直線 g のパラメータ表示は

$$\begin{cases} x = a_1 + t(b_1 - a_1) \\ y = a_2 + t(b_2 - a_2) \\ z = a_3 + t(b_3 - a_3) \end{cases} \tag{2.5}$$

となる.とくに, $v = a - b$ とおくと

$$p = a + tv \tag{2.6}$$

となる.この直線のパラメータ表示を点 $A(a_1, a_2, a_3)$ を通り**方向ベクトル**を v とするパラメータ表示とよぶ.このパラメータ表示から $b_1 - a_1 \neq 0$, $b_2 - a_2 \neq 0$, $b_3 - a_3 \neq 0$ のときは,直線の方程式は

$$t = \frac{x - a_1}{b_1 - a_1} = \frac{y - a_2}{b_2 - a_2} = \frac{z - a_3}{b_3 - a_3} \tag{2.7}$$

となる.このとき,直線の方程式は

$$\begin{cases} (b_2 - a_2)(x - a_1) = (b_1 - a_1)(y - a_2) \\ (b_3 - a_3)(x - a_1) = (b_1 - a_1)(z - a_3) \end{cases} \tag{2.8}$$

という連立 1 次方程式となる.この連立 1 次方程式は, $a = b_2 - a_2, b = a_1 - b_1, c = 0, d = a_2 b_1 - b_2 a_1, a' = b_3 - a_3, b' = 0, c' = a_1 - b_1, d' = a_3 b_1 - b_3 a_1$ とおくと,

$$\begin{cases} ax + by + cz + d = 0 \\ a'x + b'y + c'z + d' = 0 \end{cases} \tag{2.9}$$

となる.

例 2.1 次の 2 直線が交わるかどうかを判定して,交わる場合は交点を求める.

$$\begin{cases} x = 5 - t \\ y = 9 + 4t \\ z = 12 - t \end{cases} \quad \begin{cases} x = 3 - 2s \\ y = 1 + 4s \\ z = 6 - 3s \end{cases}$$

交わるとしたら, t_0, s_0 が存在して,

$$3 - 2s_0 = 5 - t_0,\ 1 + 4s_0 = 9 + 4t_0,\ 6 - 3s_0 = 12 - t_0$$

を満たす．この連立 1 次方程式を解くと，解 $t_0 = -6, s_0 = -4$ が得られ，交わることが分かる．さらに交点は

$$x = 3 + 8 = 11, \ y = 1 - 16 = -15, \ z = 6 + 12 = 18$$

となり，点 $P(11, -15, 18)$ が交点である．

次に 3 点 P_0, P_1, P_2 を通る平面 Π のベクトル方程式を求める．$\boldsymbol{p}_0 = \overrightarrow{OP_0}, \boldsymbol{u} = \overrightarrow{P_0P_1}, \boldsymbol{v} = \overrightarrow{P_0P_2}$ として，$\boldsymbol{u}, \boldsymbol{v}$ は平行でないとする．このとき，平面 Π 上の点を P として，ベクトル $\boldsymbol{p} = \overrightarrow{OP}$ を考えると $\boldsymbol{p} - \boldsymbol{p}_0 = \overrightarrow{P_0P}$ は，ある実数 λ, μ が存在して

$$\boldsymbol{p} = \boldsymbol{p}_0 + \lambda \boldsymbol{u} + \mu \boldsymbol{v} \tag{2.10}$$

と書き表わすことができる．いまこの λ, μ をすべての実数を動かすとき，このように書き表わされたベクトル $\boldsymbol{p}$ は平面 Π 上のすべての点を書き表わすので，平面 Π のベクトル方程式 (パラメータ型) または単にパラメータ表示という．

空間ベクトル $\boldsymbol{a} = (a_1, a_2, a_3)$ に対して，

$$\boldsymbol{e} = \frac{\boldsymbol{a}}{\|\boldsymbol{a}\|} = \left(\frac{a_1}{\sqrt{a_1^2 + a_2^2 + a_3^2}}, \frac{a_2}{\sqrt{a_1^2 + a_2^2 + a_3^2}}, \frac{a_1}{\sqrt{a_1^2 + a_2^2 + a_3^2}} \right)$$

を $\boldsymbol{a}$ の単位方向ベクトルとよぶ．ここで，$\|\boldsymbol{e}\| = 1$ となる．さらに，空間内の直線 g が $\boldsymbol{a}$ に平行なとき $\boldsymbol{e}$ を g の単位方向ベクトルとよぶ．平面 Π の一般の方程式

$$ax + by + cz + d = 0 \tag{2.11}$$

において，ベクトル $\boldsymbol{n} = (a, b, c)$ とおく．このとき，任意の Π 上の 2 点 $P_1(x_1, y_1, z_1), P_2(x_2, y_2, z_2)$ に対してベクトル

$$\boldsymbol{p} = \overrightarrow{P_1P_2} = (x_2 - x_1, y_2 - y_1, z_2 - z_1)$$

を考えると，

$$\boldsymbol{n} \cdot \boldsymbol{p} = a(x_2 - x_1) + b(y_2 - y_1) + c(z_2 - z_1) = -d + d = 0$$

となり，$\boldsymbol{n}$ と $\boldsymbol{p}$ は垂直である．このように，ベクトル $\boldsymbol{n}$ は平面 Π に垂直なベクトルで，平面 Π の法線ベクトルとよばれる．特に，$\boldsymbol{n}$ が単位ベクトル ($\|\boldsymbol{n}\| = 1$)

図 2.14 Π の法線ベクトル

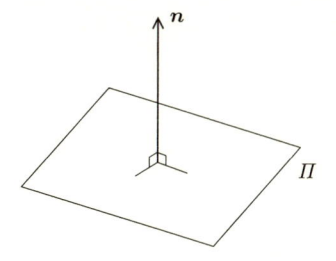

のときは**単位法線ベクトル**とよばれる．n が単位ベクトルでなくとも，その単位方向ベクトル $\dfrac{n}{\|n\|}$ を取ることにより，いつでも単位法線ベクトルは存在する．

いま，平面 Π へ原点 O から垂線 OH を引く．$p = \overrightarrow{OH}$ としてベクトル $\overrightarrow{OH}$ の単位方向ベクトルを h とする．さらに，$P(x, y, z)$ を Π 上の任意の点として，$\boldsymbol{p} = \overrightarrow{OP}$ とおく．また，$\theta = \angle POH$ とすると

$$\cos\theta = \frac{p}{\overline{OP}} = \frac{p}{\|\boldsymbol{p}\|}$$

となる．すなわち，

$$\boldsymbol{p} \cdot \boldsymbol{h} = \|\boldsymbol{p}\|\|\boldsymbol{h}\|\cos\theta = p$$

が得られる．この式

$$\boldsymbol{p} \cdot \boldsymbol{h} = p \tag{2.12}$$

を平面 Π に対する**ヘッセの標準形**とよぶ．ここで，定め方から $p \geq 0$ である．次に，平面 Π の一般の方程式 $ax + by + cz + d = 0$ からヘッセの標準形を求めてみる．ベクトル $\boldsymbol{n} = (a, b, c)$ は Π の法線ベクトルなので $\|\boldsymbol{n}\|$ で方程式の両辺を割ると

$$\frac{a}{\|\boldsymbol{n}\|}x + \frac{b}{\|\boldsymbol{n}\|}y + \frac{c}{\|\boldsymbol{n}\|}z = -\frac{d}{\|\boldsymbol{n}\|}$$

が得られる．また，$\boldsymbol{n}/\|\boldsymbol{n}\|$ は Π の単位法線ベクトルなので，$d \leq 0$ のとき，$\boldsymbol{h} = \boldsymbol{n}/\|\boldsymbol{n}\|$, $p = -d/\|\boldsymbol{n}\|$ とおくと，上式はヘッセの標準形 $\boldsymbol{h} \cdot \boldsymbol{p} = p$ となる．一方，$d > 0$ のときは $\boldsymbol{h} = -\boldsymbol{n}/\|\boldsymbol{n}\|$, $p = d/\|\boldsymbol{n}\|$ とおくと，ヘッセの標準形 $\boldsymbol{h} \cdot \boldsymbol{p} = d$

が得られる．これらをまとめるとヘッセの標準形は

$$\boldsymbol{h} \cdot \boldsymbol{p} = \frac{|d|}{\|\boldsymbol{n}\|} \tag{2.13}$$

となる．ここで，$p = |d|/\|\boldsymbol{n}\|$ は原点 O から平面 Π までの距離なので，以下の命題が証明された．

命題 2.6 原点 O から平面 $\Pi : ax + by + cz + d = 0$ までの距離は

$$\frac{|d|}{\sqrt{a^2 + b^2 + c^2}} \tag{2.14}$$

である．

例 2.2 平面 $2x + y - 6z + 1 = 0$ のヘッセの標準形を求めると，$\boldsymbol{n} = (2, 1, -6)$ なので，$\|\boldsymbol{n}\| = \sqrt{2^2 + 1^2 + 6^2} = \sqrt{41}$ となり，平面の方程式は

$$\frac{2}{\sqrt{41}}x + \frac{1}{\sqrt{41}}y + \left(-\frac{1}{\sqrt{41}}\right)z = -\frac{1}{\sqrt{41}}$$

となる．したがって，ヘッセの標準形は

$$\left(-\frac{2}{\sqrt{41}}\right)x + \left(-\frac{1}{\sqrt{41}}\right)y + \frac{1}{\sqrt{41}}z = \frac{1}{\sqrt{41}}$$

であり，原点 O からの距離は $1/\sqrt{41}$ である．

空間内の一般の点から平面までの距離は以下のようにして得られる．ただし，点 P_0 から Π への垂線 P_0Q を引き，その長さ $\overline{P_0Q}$ が P_0 と Π の距離とよぶ（図 2.15）．

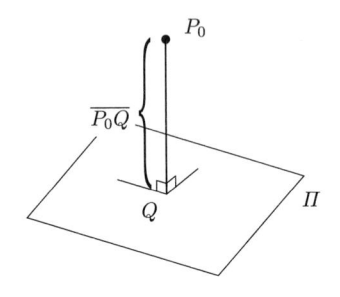

図 2.15 Π と P_0 の距離

命題 2.7 点 $P_0(x_0, y_0, z_0)$ から平面 $\Pi : ax + by + cz + d = 0$ までの距離は

$$\frac{|ax_0 + by_0 + cz_0 + d|}{\sqrt{a^2 + b^2 + c^2}} \tag{2.15}$$

である．

証明 いま，Q の座標を (x_1, y_1, z_1) とする．$\boldsymbol{n} = (a, b, c)$ は Π に垂直なので，ある実数 λ が存在して

$$\overrightarrow{QP_0} = \lambda \boldsymbol{n} = (\lambda a, \lambda b, \lambda c)$$

が成り立つ．$\overrightarrow{QP_0} = (x_1 - x_0, y_1 - y_0, z_1 - z_0)$ なので，

$$x_1 = x_0 + \lambda a,\ y_1 = y_0 + \lambda b,\ z_1 = z_0 + \lambda c$$

となる．点 Q は Π 上にあるので，$ax_1 + by_1 + cz_1 + d = 0$ を満たす．言い換えると

$$ax_0 + by_0 + cz_0 + d + \lambda(a^2 + b^2 + c^2) = 0$$

である．ゆえに

$$\overrightarrow{P_0Q} = \left\|\overrightarrow{QP_0}\right\| = \sqrt{(x_1 - x_0)^2 + (y_1 - y_0)^2 + (z_1 - z_0)^2}$$
$$= \sqrt{\lambda^2 a^2 + \lambda^2 b^2 + \lambda^2 c^2} = |\lambda|\sqrt{a^2 + b^2 + c^2}$$
$$= \frac{|ax_0 + bx_0 + cz_0 + d|}{a^2 + b^2 + c^2}\sqrt{a^2 + b^2 + c^2} = \frac{|ax_0 + bx_0 + cz_0 + d|}{\sqrt{a^2 + b^2 + c^2}}$$

が得られる． □

以上の命題に見られるように，空間内の平面に対して，点から垂線を下ろしてその足を考えることは有効な場合がよくある．ここでは，その座標を一般の形で書き表わすことを考える．空間内の平面を $\Pi : \boldsymbol{p} \cdot \boldsymbol{n} = k$ (ただし，$\boldsymbol{n}$ は単位法線ベクトル，c は実数) とする．空間ベクトル $\boldsymbol{x}$ に対して，$\boldsymbol{y}$ を

$$\boldsymbol{y} = \boldsymbol{x} - (\boldsymbol{n} \cdot \boldsymbol{x} - k)\boldsymbol{n}$$

と定めると，$\boldsymbol{y} \cdot \boldsymbol{n} = \boldsymbol{x} \cdot \boldsymbol{n} - (\boldsymbol{n} \cdot \boldsymbol{x} - k) = k$ となり，$\boldsymbol{y}$ は平面 Π 上の点となる．また，$\boldsymbol{x} - \boldsymbol{y} = (\boldsymbol{n} \cdot \boldsymbol{x} - k)\boldsymbol{n}$ なので $\boldsymbol{x} - \boldsymbol{y}$ は平面 Π に垂直なベクトルである．したがって，この $\overrightarrow{OY} = \boldsymbol{y}$，$\overrightarrow{OX} = \boldsymbol{x}$ とすると，点 Y は点 X から平面 Π に下ろ

した垂線の足である．y をベクトル x の平面 Π への**直交射影** (の像) または**正射影**とよぶ．平面が $\Pi : ax + by + cz + d = 0$ のときは，単位法線ベクトルは

$$\bm{n} = \frac{1}{\sqrt{a^2 + b^2 + c^2}}(a, b, c)$$

定数 k は

$$k = \frac{-d}{\sqrt{a^2 + b^2 + c^2}}$$

なので，$\bm{x} = (x_1, x_2, x_3)$ の平面 Π への直交射影は

$$P(\bm{x}) = \frac{ax_1 + bx_2 + cx_3 + d}{a^2 + b^2 + c^2}$$

とおくと，

$$(x_1 - P(\bm{x})a,\ x_2 - P(\bm{x})b,\ x_3 - P(\bm{x})c)$$

で与えられることが分かる．

次に直線と平面の位置関係について述べる．直線 $g : \bm{p} = \bm{p}_0 + t\bm{v}$ と平面 $\Pi : ax + by + cz + d = 0$ において，$\bm{v} = (A, B, C)$ は g に平行なベクトルであり，$\bm{n} = (a, b, c)$ は Π に垂直なベクトルである．したがって，g が Π に平行であるための必要十分条件は $\bm{v}$ が $\bm{n}$ に垂直なことであり，また，g が Π に垂直であるための必要十分条件は $\bm{v}$ と $\bm{n}$ が平行であることである．さらに，$\bm{v}$ と $\bm{n}$ が垂直であることは条件 $\bm{v} \cdot \bm{n} = 0$ と同値で，$\bm{v}$ と $\bm{n}$ が平行であることは条件 $\bm{v} \times \bm{n} = \bm{0}$ と同値なので，定義から以下の命題が成り立つ．

命題 2.8 直線 $g : \bm{p} = \bm{p}_0 + t\bm{v}\ (\bm{v} = (A, B, C))$ と平面 $\Pi : ax + by + cz + d = 0$ に対して以下が成り立つ：

(1) 直線 g と平面 Π が平行であるための必要十分条件は

$$aA + bB + cC = 0 \tag{2.16}$$

である．

(2) 直線 g と平面 Π が垂直であるための必要十分条件は

$$bC - cB = aC - cA = aB - bA = 0 \tag{2.17}$$

である．

2つの平面 $\Pi_1 : a_1x + b_1y + c_1z + d_1 = 0$, $\Pi_2 : a_2x + b_2y + c_2z + d_2 = 0$ においても $\bm{n}_1 = (a_1, b_1, c_1)$, $\bm{n}_2 = (a_2, b_2, c_2)$ はそれぞれの平面に垂直なベクトルなので, Π_1 と Π_2 が平行であるための必要十分条件は $\bm{n}_1$ と $\bm{n}_2$ が平行なことであり, Π_1 と Π_2 が垂直であるための必要十分条件は $\bm{n}_1$ と $\bm{n}_2$ が垂直であることである. したがって, 以下の命題が成り立つ.

命題 2.9 2つの平面 $\Pi_1 : a_1x + b_1y + c_1z + d_1 = 0$, $\Pi_2 : a_2x + b_2y + c_2z + d_2 = 0$ に対して以下が成り立つ:

(1) 平面 Π_1 と Π_2 が平行であるための必要十分条件は

$$b_1c_2 - b_2c_1 = a_1c_2 - c_1a_2 = a_1b_2 - b_1a_2 = 0 \tag{2.18}$$

である.

(2) 平面 Π_1 と Π_2 が垂直であるための必要十分条件は

$$a_1a_2 + b_1b_2 + c_1c_2 = 0 \tag{2.19}$$

である.

垂直という概念は, 内積が定まって初めて定義される概念である. 内積が定まると直交以外に2つのベクトルのなす角が定まるので, 直線や平面の間のなす角も定義することができる. 2直線 $g_1 : \bm{p} = \bm{p}_1 + t\bm{v}_1$, $g_2 : \bm{p} = \bm{p}_2 + s\bm{v}_2$ のなす角はその方向ベクトル $\bm{v}_1$, $\bm{v}_2$ のなす角と定義する. すなわち, g_1 と g_2 のなす角 θ $(0 \leq \theta < \pi)$ は $\bm{v}_1 \cdot \bm{v}_2 = \|\bm{v}_1\|\|\bm{v}_2\|\cos\theta$ を満たす θ として定まる.

次に直線 $g : \bm{p} = \bm{p}_0 + t\bm{v}$ と平面 $\Pi : ax + by + cz + d = 0$ について, 平面 Π を原点 O に平行移動した平面 $\Pi_0 : ax + by + cz = 0$ を考える. g の方向ベクトル $\bm{v}$ を Π_0 に正射影したベクトルと $\bm{v}$ のなす角を**直線 g と平面 Π のなす角**と定義する. ここで, $\bm{n} = (a, b, c)$ は平面 Π_0 の法線ベクトルなので, $\bm{v}$ とその正射影となす角を θ とすると, $\pi/2 - \theta$ が $\bm{n}$ と $\bm{v}$ のなす角なので θ は関係式

$$\sin\theta = \cos\left(\frac{\pi}{2} - \theta\right) = \frac{\bm{v} \cdot \bm{n}}{\|\bm{v}\|\|\bm{n}\|}$$

を満たす. また, 2つの平面 $\Pi_1 : a_1x + b_1y + c_1z + d_1 = 0$ と $\Pi_2 : a_2x + b_2y + c_2z + d_2 = 0$ のなす角は法線ベクトル $\bm{n}_1 = (a_1, b_1, c_1)$ と $\bm{n}_2 = (a_2, b_2, c_2)$ のなす角と定義され, その値 θ は関係式

$$\cos\theta = \frac{\boldsymbol{n}_1 \cdot \boldsymbol{n}_2}{\|\boldsymbol{n}_1\|\|\boldsymbol{n}_2\|}$$

を満たす．

　本書で扱う主な図形は平面や空間内の 1 次方程式で定まる図形であるが，ここでは例外的に 2 次方程式で定まる図形のなかでもっとも美しくまた理解しやすい図形として，球面とその接平面について解説する．高等学校の数学でも習っているように，中心が $C(a,b,c)$ で半径が $r>0$ の **球面の方程式** は

$$(x-a)^2 + (y-b)^2 + (z-c)^2 = r^2 \tag{2.20}$$

で与えられる．これは，この球面上の点 $P(x,y,z)$ が中心 $C(a,b,c)$ から距離 r の位置にあるので，この点は $\left\|\overrightarrow{CP}\right\| = r$ を満たしていてその 2 乗が式 (2.20) と書かれるからである．特に，中心が原点 $O(0,0,0)$ の場合は

$$x^2 + y^2 + z^2 = r^2$$

である．次に，球面の方程式 (2.20) の右辺を展開すると

$$x^2 + y^2 + z^2 - 2ax - 2by - 2cz + a^2 + b^2 + c^2 - r^2 = 0$$

が得られる．ここで，$A=-a, B=-b, C=-c, D=a^2+b^2+c^2-r^2$ とおくと，

$$x^2 + y^2 + z^2 + 2Ax + 2By + 2Cz + D = 0 \tag{2.21}$$

という式となる．この 3 変数の 2 次方程式の特徴としては，x^2, y^2, z^2 の係数は等しく 1 であること，また，xy, yz, zx の係数がないことが挙げられる．逆にこの形の方程式は

$$(x+A)^2 + (y+B)^2 + (z+C)^2 - A^2 - B^2 - C^2 + D = 0$$

と書き直せて，

$$(x+A)^2 + (y+B)^2 + (z+C)^2 = A^2 + B^2 + C^2 - D$$

が得られる．まとめると以下が分かる．

命題 2.10　方程式 $x^2+y^2+z^2+2Ax+2By+2Cz+D=0$ は次の図形を表わす．

(1)　$A^2+B^2+C^2-D>0$ のとき，中心が $(-A,-B,-C)$ で半径

$\sqrt{A^2 + B^2 + C^2 - D}$ の球面.

(2) $A^2 + B^2 + C^2 - D = 0$ のとき，1点 $(-A, -B, -C)$.

(3) $A^2 + B^2 + C^2 - D < 0$ のとき，図形を表わさない.

ここで，(2) の場合は，半径 0 の球面とみなすことができるので**点球面**とよぶ．また，(3) の場合は半径が虚数 $i\sqrt{D - A^2 - B^2 - C^2}$ の球面とみなせるので**虚球面**ともよばれる．

次に球面の接平面を求める．球面とただ 1 点のみを共有する平面を球面の**接平面**とよぶ．ここで，球面

$$(x-a)^2 + (y-b)^2 + (z-c)^2 = r^2$$

上の点 $P_0(x_0, y_0, z_0)$ における接平面 Π_{P_0} の方程式を求める．いま，接平面 Π_{P_0} 上の任意の点を $P(x, y, z)$ とする．このとき，ベクトル $\boldsymbol{v} = \overrightarrow{P_0 P}$ を方向ベクトルとして，P_0 を通る直線 $\boldsymbol{p} = \boldsymbol{p}_0 + t\boldsymbol{v}$ は，平面 Π_{P_0} 上にあるので，球面と 1 点のみを共有する．いま，P_0 は球面上の点なので，その共有している 1 点は P_0 であり，このような点は $t = 0$ のみに対応している．

一方，

$$\boldsymbol{p} = \boldsymbol{p}_0 + t\boldsymbol{v} = (x_0 + t(x - x_0), y_0 + t(y - y_0), z_0 + t(z - z_0))$$

が球面と交わる点は

$$(x_0 + t(x - x_0) - a)^2 + (y_0 + t(y - y_0) - b)^2 + (z_0 + t(z - z_0) - c)^2 = r^2$$

を満たす．この式を整理すると

$$t\{t[(x-x_0)^2 + (y-y_0)^2 + (z-z_0)^2]$$
$$+ [2(x_0 - a)(x - x_0) + 2(y_0 - b)(y - y_0) + 2(z_0 - c)(z - z_0)]\} = 0$$

が得られる．したがって，$t = 0$ または

$$t = \frac{2\{(x_0 - a)(x - x_0) + (y_0 - b)(y - y_0) + (z_0 - c)(z - z_0)\}}{(x - x_0)^2 + (y - y_0)^2 + (z - z_0)^2}$$

となる．ここで，$t = 0$ の場合のみが共有点なので

$$(x_0 - a)(x - x_0) + (y_0 - b)(y - y_0) + (z_0 - c)(z - z_0) = 0$$

が得られる．この式は $\overrightarrow{CP_0} \cdot \overrightarrow{P_0P} = 0$ と同値な式であり，したがって，$\overrightarrow{CP_0}$ と $\overrightarrow{P_0P}$ は直交している．さらに

$$0 = (x_0 - a)(x - x_0) + (y_0 - b)(y - y_0) + (z_0 - c)(z - z_0)$$
$$= (x_0 - a)(x - a + a - x_0) + (y_0 - b)(y - b + b - y_0)$$
$$\quad + (z_0 - c)(z - c + c - z_0)$$
$$= (x_0 - a)(x - a) - (x_0 - a)^2 + (y_0 - b)(y - b) - (y_0 - b)^2$$
$$\quad + (z_0 - c)(z - c) - (z_0 - c)^2$$
$$= (x_0 - a)(x - a) + (y_0 - b)(y - b) + (z_0 - c)(z - c) - r^2$$

となる．ゆえに，以下の命題が成り立つ．

命題 2.11 球面：$(x-a)^2 + (y-b)^2 + (z-c)^2 = r^2$ 上の点 $P_0(x_0, y_0, z_0)$ における接平面の方程式は

$$(x_0 - a)(x - a) + (y_0 - b)(y - b) + (z_0 - c)(z - c) = r^2$$

である．特に，原点 $O(0,0,0)$ を中心とする球面の接平面の方程式の場合は

$$x_0 x + y_0 y + z_0 z = r^2$$

である．

問 2.8 中心が原点 O で半径が r の球面に対して，点 $P(x,y,z) \neq O$ に点 $P^*(x^*, y^*, z^*)$ を以下の条件を満たすように定める：

(1) $\overrightarrow{OP}, \overrightarrow{OP^*}$ は同じ向きを持つ．
(2) $\|\overrightarrow{OP}\|\|\overrightarrow{OP^*}\| = r^2$．このとき，対応 $P \to P^*$ を球面に対する**反転**とよぶ．
　(a) x^*, y^*, z^* を x, y, z を用いて表わせ．
　(b) $P = P^*$ となるのはいつか．

第 3 章

平面上の 1 次変換

　高等学校の数学では，行列の和，実数倍，積という 3 種類の演算と行列を用いた連立 1 次方程式の解法について学んだ．この章では，行列と平面ベクトルの積から定まる平面上の対応関係である 1 次変換について解説する．それは，1 変数の比例関係 $y = ax$ の平面の場合への一般化とみなすことができる．ここでは，平面上の図形の幾何学的性質が 1 次変換によってどのように変換されるかについて述べる．

3.1　1 次変換

　行列 $A = \begin{pmatrix} a_{11} & a_{12} \\ a_{21} & a_{22} \end{pmatrix}$ が与えられたとき，点 $P(x,y)$ に対して，点 $P'(x',y')$ を

$$\begin{pmatrix} x' \\ y' \end{pmatrix} = \begin{pmatrix} a_{11} & a_{12} \\ a_{21} & a_{22} \end{pmatrix} \begin{pmatrix} x \\ y \end{pmatrix} = \begin{pmatrix} a_{11}x + a_{12}y \\ a_{21}x + a_{22}y \end{pmatrix} \tag{3.1}$$

という式で対応させるとき，この対応 (**写像**という) を **1 次変換** (**線形変換**) とよぶ．言い換えれば，

$$\begin{cases} x' = a_{11}x + a_{12}y \\ y' = a_{21}x + a_{22}y \end{cases} \tag{3.2}$$

で決まる対応 $P(x,y) \to P'(x',y')$ のことである．ここでは，この 1 次変換を

$$f : \begin{pmatrix} x' \\ y' \end{pmatrix} = \begin{pmatrix} a_{11} & a_{12} \\ a_{21} & a_{22} \end{pmatrix} \begin{pmatrix} x \\ y \end{pmatrix} \tag{3.3}$$

と表わす．点 $P(x,y)$ に原点 O のまわりに角度 $\theta (0 \leq \theta < 360°)$ だけ P を回転させた点 $P'(x',y')$ を対応させる写像を**角 θ の回転**とよぶ．

命題 3.1 回転は 1 次変換であり，角 θ の回転は

$$f : \begin{pmatrix} x' \\ y' \end{pmatrix} = \begin{pmatrix} \cos\theta & -\sin\theta \\ \sin\theta & \cos\theta \end{pmatrix} \begin{pmatrix} x \\ y \end{pmatrix} \tag{3.4}$$

である．

証明 点 $P(x,y)$ と $P'(x',y')$ において，x 軸の正の方向から点 P まで，時計と反対まわりに測った角度を α として P' まで x 軸から測った角度を $\alpha+\theta$ とする．回転は長さを変えないので，$\overline{OP}=\overline{OP'}$ が成り立つ．ここで，三角関数の加法定理から

$$x' = \overline{OP'}\cos(\alpha+\theta) = \overline{OP}(\cos\alpha\cos\theta - \sin\alpha\sin\theta)$$
$$= (\overline{OP}\cos\alpha)\cos\theta - (\overline{OP}\sin\alpha)\sin\theta = x\cos\theta - y\sin\theta$$
$$y' = \overline{OP'}\sin(\alpha+\theta) = \overline{OP}(\sin\alpha\cos\theta + \cos\alpha\sin\theta)$$
$$= (\overline{OP}\sin\alpha)\cos\theta + (\overline{OP}\cos\alpha)\sin\theta = y\cos\theta + x\sin\theta$$

となるので，

$$\begin{pmatrix} x' \\ y' \end{pmatrix} = \begin{pmatrix} \cos\theta & -\sin\theta \\ \sin\theta & \cos\theta \end{pmatrix} \begin{pmatrix} x \\ y \end{pmatrix}$$

が成立する． □

例 3.1 回転以外の 1 次変換の重要な例としては，以下の x 軸に関する対称移動がある．

$$f : \begin{pmatrix} x' \\ y' \end{pmatrix} = \begin{pmatrix} 1 & 0 \\ 0 & -1 \end{pmatrix} \begin{pmatrix} x \\ y \end{pmatrix} \tag{3.5}$$

とすると，$x'=x$, $y'=-y$ なので，この 1 次変換は x 軸に関する対称移動である．

次に 2 つの 1 次変換

$$f : \begin{pmatrix} x' \\ y' \end{pmatrix} = \begin{pmatrix} a_{11} & a_{12} \\ a_{21} & a_{22} \end{pmatrix} \begin{pmatrix} x \\ y \end{pmatrix}, \quad g : \begin{pmatrix} x' \\ y' \end{pmatrix} = \begin{pmatrix} b_{11} & b_{12} \\ b_{21} & b_{22} \end{pmatrix} \begin{pmatrix} x \\ y \end{pmatrix}$$

に対して，1次変換

$$h : \begin{pmatrix} x'' \\ y'' \end{pmatrix} = BA \begin{pmatrix} x \\ y \end{pmatrix} = \begin{pmatrix} b_{11}a_{11} + b_{12}a_{21} & b_{11}a_{12} + b_{12}a_{22} \\ b_{21}a_{11} + b_{22}a_{21} & b_{21}a_{12} + b_{22}a_{22} \end{pmatrix} \begin{pmatrix} x \\ y \end{pmatrix}$$

を考えると，この1次変換は1次変換 f と1次変換 g をこの順番に続けて行ったものであると理解することができる．この1次変換 h を $h = g \circ f$ と書き，1次変換 f と g の**合成変換**とよぶ．すなわち

$$g \circ f : \begin{pmatrix} x'' \\ y'' \end{pmatrix} = BA \begin{pmatrix} x \\ y \end{pmatrix} \tag{3.6}$$

である．ここで，合成する順番を逆にすると

$$f \circ g : \begin{pmatrix} x'' \\ y'' \end{pmatrix} = AB \begin{pmatrix} x \\ y \end{pmatrix}$$

となる．

ここで2次行列 $A = \begin{pmatrix} a_{11} & a_{12} \\ a_{21} & a_{22} \end{pmatrix}$ が逆行列 A^{-1} を持つとき，A を**正則行列**とよぶ．A が正則行列であるための必要十分条件は

$$a_{11}a_{22} - a_{12}a_{21} \neq 0$$

で与えられ，このとき逆行列は

$$A^{-1} = \begin{pmatrix} \dfrac{a_{22}}{a_{11}a_{22} - a_{12}a_{21}} & \dfrac{-a_{12}}{a_{11}a_{22} - a_{12}a_{21}} \\ \dfrac{-a_{21}}{a_{11}a_{22} - a_{12}a_{21}} & \dfrac{-a_{11}}{a_{11}a_{22} - a_{12}a_{21}} \end{pmatrix}$$

となる．このとき $AA^{-1} = A^{-1}A = I$ を満たす．ここで

$$I = \begin{pmatrix} 1 & 0 \\ 0 & 1 \end{pmatrix}$$

は 2 次の**単位行列**とよばれる．これらの事実は高等学校の数学ですでに習ったことであるが，もし分からない場合は線形代数の本 [1], [2] 等を参照してほしい．ここで $\det(A) = a_{11}a_{22} - a_{12}a_{21}$ と表わし，これを 2 次行列 A の**行列式**とよぶ．

1 次変換
$$f : \begin{pmatrix} x' \\ y' \end{pmatrix} = A \begin{pmatrix} x \\ y \end{pmatrix}$$

の対応する行列 A が正則行列のとき，この 1 次変換 f を**正則変換**とよぶ．このとき，
$$f^{-1} : \begin{pmatrix} x' \\ y' \end{pmatrix} = A^{-1} \begin{pmatrix} x \\ y \end{pmatrix}$$

を正則変換 f の**逆変換**という．このとき，$f \circ f^{-1}$, $f^{-1} \circ f$ の行列は単位行列 $I = AA^{-1} = A^{-1}A$ である．したがって
$$f \circ f^{-1} : \begin{pmatrix} x \\ y \end{pmatrix} = I \begin{pmatrix} x \\ y \end{pmatrix}$$

である．$f^{-1} \circ f$ も同様な性質を持つ．

ここで，1 次変換
$$f : \begin{pmatrix} x' \\ y' \end{pmatrix} = A \begin{pmatrix} x \\ y \end{pmatrix}$$

は，ベクトル $\boldsymbol{a} = (a_1, a_2)$ を
$$\begin{pmatrix} a'_1 \\ a'_2 \end{pmatrix} = A \begin{pmatrix} a_1 \\ a_2 \end{pmatrix}$$

なるベクトル $\boldsymbol{a}' = (a'_1, a'_2)$ に対応させる写像と考えることができる．このとき，$\boldsymbol{a}' = f(\boldsymbol{a})$ と書く．ベクトル $\boldsymbol{a}$ を列ベクトル $\boldsymbol{a} = \begin{pmatrix} a_1 \\ a_2 \end{pmatrix}$ と表示すると，

$$\boldsymbol{a}' = f(\boldsymbol{a}) = A \begin{pmatrix} a_1 \\ a_2 \end{pmatrix} = A\boldsymbol{a}$$

そのものと思ってもよい．言い換えるとベクトル $\boldsymbol{a}$ に行列 A との積 $A\boldsymbol{a}$ を対応させる写像 f のことだと理解できる．ここで，$\boldsymbol{a}' = f(\boldsymbol{a})$ を $\boldsymbol{a}$ の f による**像**とよぶ．今後，1次変換とは，ベクトル $\boldsymbol{a}$ に対してベクトル $f(\boldsymbol{a}) = A\boldsymbol{a}$ を対応させる写像であるとする．1次変換は**線形変換**ともよばれる．

3.2　1次変換の性質

1次変換 $f(\boldsymbol{a}) = A\boldsymbol{a}$ は以下の基本的性質を持つ：
（1）ベクトル $\boldsymbol{a}, \boldsymbol{b}$ と実数 λ, μ に対して
$$f(\lambda \boldsymbol{a} + \mu \boldsymbol{b}) = \lambda f(\boldsymbol{a}) + \mu f(\boldsymbol{b})$$
が成り立つ．
（2）$f(\boldsymbol{0}) = \boldsymbol{0}$
（3）f が正則変換のとき，以下の性質が成り立つ：
$$f(\boldsymbol{a}) = \boldsymbol{0} \Longrightarrow \boldsymbol{a} = \boldsymbol{0}.$$
（4）$\boldsymbol{e}_1 = \begin{pmatrix} 1 \\ 0 \end{pmatrix}, \boldsymbol{e}_2 = \begin{pmatrix} 0 \\ 1 \end{pmatrix}$ に対して，$f(\boldsymbol{e}_1) = \begin{pmatrix} a \\ c \end{pmatrix}, f(\boldsymbol{e}_2) = \begin{pmatrix} b \\ d \end{pmatrix}$ のとき，f に対応する行列は
$$A = \begin{pmatrix} a & b \\ c & d \end{pmatrix}$$
である．

証明 （1）$f(\lambda \boldsymbol{a} + \mu \boldsymbol{b}) = A(\lambda \boldsymbol{a} + \mu \boldsymbol{b}) = A(\lambda \boldsymbol{a}) + A(\mu \boldsymbol{b}) = \lambda A\boldsymbol{a} + \mu A\boldsymbol{b} = \lambda f(\boldsymbol{a}) + \mu f(\boldsymbol{b})$．
（2）$f(\boldsymbol{0}) = A\boldsymbol{0} = \boldsymbol{0}$．
（3）$f(\boldsymbol{a}) = A\boldsymbol{a} = \boldsymbol{0}$ とするとき，両辺に A^{-1} を左から掛けると
$$\boldsymbol{a} = I\boldsymbol{a} = A^{-1}(A\boldsymbol{a}) = A^{-1}\boldsymbol{0} = \boldsymbol{0}.$$
（4）$\boldsymbol{a} = \begin{pmatrix} a_1 \\ a_2 \end{pmatrix} = a_1 \boldsymbol{e}_1 + a_2 \boldsymbol{e}_2$ なので，

$$f(\boldsymbol{a}) = f(a_1\boldsymbol{e}_1 + a_2\boldsymbol{e}_2) = a_1 f(\boldsymbol{e}_1) + a_2 f(\boldsymbol{e}_2)$$
$$= a_1 \begin{pmatrix} a \\ c \end{pmatrix} + a_2 \begin{pmatrix} b \\ d \end{pmatrix} = \begin{pmatrix} aa_1 + ba_2 \\ ca_1 + da_2 \end{pmatrix} = A \begin{pmatrix} a_1 \\ a_2 \end{pmatrix} = A\boldsymbol{a}$$

となる. □

定理 3.1 正則な 1 次変換は直線を直線に変換する.

証明 $g : \boldsymbol{p} = \boldsymbol{p}_0 + t\boldsymbol{v}$ を方向ベクトル ($\boldsymbol{v} \neq \boldsymbol{0}$) を持つ直線のベクトル表示とする. $f(\boldsymbol{a}) = A\boldsymbol{a}$ を 1 次変換とするとき,

$$f(\boldsymbol{p}) = f(\boldsymbol{p}_0 + t\boldsymbol{v}) = f(\boldsymbol{p}_0) + t f(\boldsymbol{v})$$

が成り立つ. ここで, $f(\boldsymbol{v}) = A\boldsymbol{v} = \boldsymbol{0}$ とすると, 1 次変換の性質 (3) より $\boldsymbol{v} = \boldsymbol{0}$ となり矛盾する. したがって, $f(\boldsymbol{v}) \neq \boldsymbol{0}$ である. このことは, 直線 g 上の点 $\boldsymbol{p}$ の f による像は直線 $f(\boldsymbol{p}_0) + t f(\boldsymbol{v})$ 上にあることを示している.

一方, 直線 $f(\boldsymbol{p}_0) + t f(\boldsymbol{v})$ 上の点 $\boldsymbol{q}$ は

$$\boldsymbol{q} = f(\boldsymbol{p}_0) + t f(\boldsymbol{v}) = f(\boldsymbol{p}_0 + t\boldsymbol{v}) = A(\boldsymbol{p}_0 + t\boldsymbol{v})$$

なので,

$$A^{-1}\boldsymbol{q} = A^{-1}A(\boldsymbol{p}_0 + t\boldsymbol{v}) = I(\boldsymbol{p}_0 + t\boldsymbol{v}) = \boldsymbol{p}_0 + t\boldsymbol{v}$$

したがって, $A^{-1}\boldsymbol{q}$ は直線 g 上にあり, $\boldsymbol{q} = A(A^{-1}\boldsymbol{q}) = f(A^{-1}\boldsymbol{q})$ なので $\boldsymbol{q}$ は直線 g の f による像の上にある. ゆえに, 直線 g の f による像はベクトル方程式

$$\boldsymbol{q} = f(\boldsymbol{p}_0) + t f(\boldsymbol{v})$$

で表わされる直線である. □

定理 3.2 正則な 1 次変換は平行な 2 直線を平行な 2 直線に変換する.

証明 2 本の直線

$$g_1 : \boldsymbol{p} = \boldsymbol{p}_0 + t\boldsymbol{v}$$
$$g_2 : \boldsymbol{q} = \boldsymbol{q}_0 + t\boldsymbol{w}$$

が平行とは $\boldsymbol{v}, \boldsymbol{w}$ が平行ということなので, 実数 $\lambda \neq 0$ が存在して, $\boldsymbol{v} = \lambda \boldsymbol{w}$ で

ある．

一方，g_1 の f による像は $\boldsymbol{p}' = f'(\boldsymbol{p}_0) + tf(\boldsymbol{v})$，$g_2$ の f による像は $\boldsymbol{q}' = f(\boldsymbol{p}_0) + tf(\boldsymbol{w})$ というベクトル方程式で表わされる直線である．ここで，

$$f(\boldsymbol{v}) = f(\lambda \boldsymbol{w}) = \lambda f(\boldsymbol{w})$$

なので，$f(\boldsymbol{v})$ と $f(\boldsymbol{w})$ は平行である．したがって，これらの 2 つの直線は平行である． □

問 3.1 1 次変換 $f : \begin{pmatrix} x' \\ y' \end{pmatrix} = \begin{pmatrix} -2 & 6 \\ 1 & -3 \end{pmatrix} \begin{pmatrix} x \\ y \end{pmatrix}$ のとき，以下の問いに答えよ：

（1） 直線 $x - 3y = 1$ の f による像を求めよ．
（2） 直線 $x + y = 1, 2x + y = 2$ はそれぞれどんな直線に写されるか？

系 3.1 正則な 1 次変換 f は $\boldsymbol{a}, \boldsymbol{b}$ の張る平行四辺形を $f(\boldsymbol{a}), f(\boldsymbol{b})$ の張る平行四辺形に変換する．

3.3　1 次変換と面積

3 点 $O(0,0), A(a_1, a_2), B(b_1, b_2)$ で定まる三角形の面積を求める．点 A, B を通る直線の方程式は

$$y - b_2 = \frac{a_2 - b_2}{a_1 - b_1}(x - b_1)$$

で与えられるので，その x 軸との交点を C とすると座標は $\left(\dfrac{a_2 b_1 - a_1 b_2}{a_2 - b_2}, 0 \right)$ である．ここで，

$$\triangle AOB \text{ の面積} = |\triangle BOC \text{ の面積} - \triangle AOC \text{ の面積}|$$

なので，

$$\triangle AOB \text{ の面積} = \frac{1}{2} \left| \left\{ \frac{a_2 b_1 - a_1 b_2}{a_2 - b_2} b_2 - \frac{a_2 b_1 - a_1 b_2}{a_2 - b_2} a_2 \right\} \right|$$

$$= \frac{1}{2} \left| \frac{a_2 b_1 b_2 - a_1 b_2^2 - a_2^2 b_1 + a_1 b_2 a_2}{a_2 - b_2} \right|$$

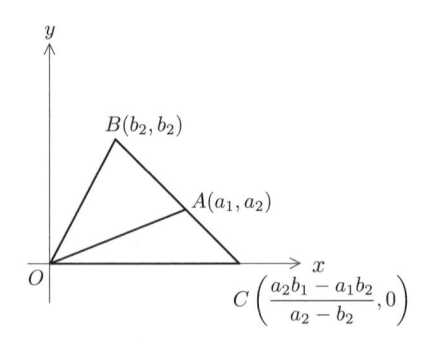

図 **3.1** $\triangle AOB, \triangle BOC, \triangle AOC$

$$= \frac{1}{2}\left|\frac{a_1 b_2(a_2 - b_2) - a_2 b_1(a_2 - b_2)}{a_2 - b_2}\right|$$

$$= \frac{1}{2}|a_1 b_2 - a_2 b_1|$$

である．したがって，1 次変換 $f(\boldsymbol{a}) = A\boldsymbol{a}$ の行列を $\begin{pmatrix} a_{11} & a_{12} \\ a_{21} & a_{22} \end{pmatrix}$ として，基本ベクトル $\boldsymbol{e}_1, \boldsymbol{e}_2$ とすると

$$f(\boldsymbol{e}_1) = \begin{pmatrix} a_{11} \\ a_{21} \end{pmatrix}, \quad f(\boldsymbol{e}_2) = \begin{pmatrix} a_{12} \\ a_{22} \end{pmatrix}$$

であり，$f(\boldsymbol{e}_1), f(\boldsymbol{e}_2)$ が張る平行四辺形の面積 S は，$\triangle AOB$ の面積の 2 倍なので

$$S = |a_{11}a_{22} - a_{12}a_{21}|$$

である．ここで，$f(\boldsymbol{a})$ を 1 次正則変換とすると，定理 3.2 より，2 本の平行な直線は，2 本の平行な直線へ写される．したがって，2 本の平行でない直線を平行でない直線へ写す．ゆえに，基本ベクトル $\boldsymbol{e}_1, \boldsymbol{e}_2$ の張る平行四辺形 (正方形) は $f(\boldsymbol{e}_1), f(\boldsymbol{e}_2)$ の張る平行四辺形に写される．

命題 3.2 正則 1 次変換 $f(\boldsymbol{a}) = A\boldsymbol{a}$ は $\boldsymbol{e}_1, \boldsymbol{e}_2$ が張る面積 1 の正方形を $f(\boldsymbol{e}_1), f(\boldsymbol{e}_2)$ が張る面積 $S = |\det(A)|$ の平行四辺形に写す．

ここで，a, b の張る平行四辺形の面積を $S(a, b)$ と表わすと，2 つのベクトル $x = \begin{pmatrix} x_1 \\ x_2 \end{pmatrix}, y = \begin{pmatrix} y_1 \\ y_2 \end{pmatrix}$ に対して，

$$f(x) = \begin{pmatrix} a_{11}x_1 + a_{12}x_2 \\ a_{21}x_1 + a_{22}x_2 \end{pmatrix}, \quad f(y) = \begin{pmatrix} a_{11}y_1 + a_{12}y_2 \\ a_{21}y_1 + a_{22}y_2 \end{pmatrix}$$

なので，

$$\begin{aligned} S(f(x), f(y)) &= \left| \det \begin{pmatrix} a_{11}x_1 + a_{12}x_2 & a_{11}y_1 + a_{12}y_2 \\ a_{21}x_1 + a_{22}x_2 & a_{21}y_1 + a_{22}y_2 \end{pmatrix} \right| \\ &= |(a_{11}a_{22} - a_{12}a_{21})x_1 y_2 - (a_{11}a_{22} - a_{12}a_{21})x_2 y_1| \\ &= |(a_{11}a_{22} - a_{12}a_{21})(x_1 y_2 - x_2 y_1)| \\ &= \left| \det \begin{pmatrix} a_{11} & a_{12} \\ a_{21} & a_{22} \end{pmatrix} \right| \left| \det \begin{pmatrix} x_1 & y_1 \\ x_2 & y_2 \end{pmatrix} \right| \\ &= |\det(A)| S(x, y). \end{aligned}$$

したがって以下が示された．

系 3.2 x, y の張る平行四辺形の面積と $f(x) = Ax, f(y) = Ay$ の張る平行四辺形の面積の比は $|\det(A)|$ である．

3.4 直交変換

1 次変換 $f(a) = Aa$ が**直交変換**であるとは，変換 f が内積を保存することと定める．言い換えると $f(a) \cdot f(b) = a \cdot b$ が任意のベクトル a, b に対して成り立つことである．

命題 3.3 1 次変換 f が直交変換であるための必要十分条件は，変換 f が任意のベクトルの大きさを変えないことである．すなわち，任意のベクトル a に対して

$$\|f(a)\| = \|a\|$$

が成り立つことである．

証明 f を直交変換と仮定すると，任意のベクトル $\boldsymbol{a}$ に対して，$f(\boldsymbol{a}) \cdot f(\boldsymbol{a}) = \boldsymbol{a} \cdot \boldsymbol{a}$ が成り立つ．このことは，$\|f(\boldsymbol{a})\|^2 = \|\boldsymbol{a}\|^2$ と同値であり，f はベクトルの大きさを変えない．

逆に，f がベクトルの大きさを変えないとする．いま，任意のベクトル $\boldsymbol{a}, \boldsymbol{b}$ に対して，そのなす角を θ とおくと，その内積は $\boldsymbol{a} \cdot \boldsymbol{b} = \|\boldsymbol{a}\|\|\boldsymbol{b}\|\cos\theta$ である．このとき，余弦定理から

$$\|\boldsymbol{b} - \boldsymbol{a}\|^2 = \|\boldsymbol{a}\|^2 + \|\boldsymbol{b}\|^2 - 2\|\boldsymbol{a}\|\|\boldsymbol{b}\|\cos\theta$$

が成り立つ．f は大きさを変えないので，

$$\|\boldsymbol{b} - \boldsymbol{a}\| = \|f(\boldsymbol{b} - \boldsymbol{a})\| = \|f(\boldsymbol{b}) - f(\boldsymbol{a})\|,\ \|\boldsymbol{a}\| = \|f(\boldsymbol{a})\|,\ \|\boldsymbol{b}\| = \|f(\boldsymbol{b})\|$$

となる．ここで，$f(\boldsymbol{a}), f(\boldsymbol{b})$ のなす角を α とすると，余弦定理から

$$\|f(\boldsymbol{b}) - f(\boldsymbol{a})\|^2 = \|f(\boldsymbol{a})\|^2 + \|f(\boldsymbol{b})\|^2 - 2\|f(\boldsymbol{a})\|\|f(\boldsymbol{b})\|\cos\alpha$$

となる．これらの式を比較すると，$\cos\theta = \cos\alpha$ が成り立つ．したがって，

$$f(\boldsymbol{a}) \cdot f(\boldsymbol{b}) = \|f(\boldsymbol{a})\|\|f(\boldsymbol{b})\|\cos\alpha = \|\boldsymbol{a}\|\|\boldsymbol{b}\|\cos\theta = \boldsymbol{a} \cdot \boldsymbol{b}$$

が成り立ち，f は直交変換であることが分かる． □

この定理の証明から，以下の系が成り立つことが分かる．

系 3.3 直交変換は任意の 2 つのベクトルのなす角を変えない．

直交変換 $f(\boldsymbol{a}) = A\boldsymbol{a}$ の行列 A の性質について考える．行列を

$$A = \begin{pmatrix} a_{11} & a_{12} \\ a_{21} & a_{22} \end{pmatrix}$$

とするとき，基本ベクトル $\boldsymbol{e}_1 = \begin{pmatrix} 1 \\ 0 \end{pmatrix}, \boldsymbol{e}_2 = \begin{pmatrix} 0 \\ 1 \end{pmatrix}$ に対して，$f(\boldsymbol{e}_1) = \begin{pmatrix} a_{11} \\ a_{21} \end{pmatrix}, f(\boldsymbol{e}_2) = \begin{pmatrix} a_{21} \\ a_{22} \end{pmatrix}$ である．ここで，$\|\boldsymbol{e}_i\| = 1\ (i = 1, 2)$ より，

$$1 = \|f(\boldsymbol{e}_1)\|^2 = a_{11}^2 + a_{21}^2 = \|f(\boldsymbol{e}_2)\|^2 = a_{12}^2 + a_{22}^2$$

が成り立ち，$\boldsymbol{e}_1 \cdot \boldsymbol{e}_2 = 0$ から $a_{11}a_{12} + a_{21}a_{22} = 0$ が成り立つことが分かる．したがって，

$$\,^tAA = \begin{pmatrix} a_{11}^2 + a_{21}^2 & a_{11}a_{12} + a_{21}a_{22} \\ a_{12}a_{11} + a_{22}a_{21} & a_{12}^2 + a_{22}^2 \end{pmatrix} = I$$

となる．ただし，$\,^tA = \begin{pmatrix} a_{11} & a_{21} \\ a_{12} & a_{22} \end{pmatrix}$ であり，A の**転置行列**とよばれる．いま直交変換はベクトルの大きさとなす角を変えないので，ベクトルの張る平行四辺形の面積も変えない．したがって $\det(A) = \pm 1$ となり A は正則行列であることが分かる．ゆえに，逆行列 A^{-1} が存在する．この逆行列 A^{-1} を関係式 $\,^tAA = I$ の両辺に右から掛けると，$\,^tA = \,^tA(AA^{-1}) = (\,^tAA)A^{-1} = IA^{-1} = A^{-1}$ となる．したがって以下が成立する．

命題 3.4 1 次変換 $f(\boldsymbol{a}) = A\boldsymbol{a}$ に対して以下は同値である．
(1) f は直交変換
(2) $a_{11}^2 + a_{21}^2 = a_{12}^2 + a_{22}^2 = 1$, $a_{11}a_{12} + a_{21}a_{22} = 0$
(3) $a_{11}^2 + a_{12}^2 = a_{21}^2 + a_{22}^2 = 1$, $a_{21}a_{11} + a_{22}a_{12} = 0$
(4) $\,^tA = A^{-1}$

$\,^tA = A^{-1}$ を満たす行列を**直交行列**という．ここで，行列 $A = \begin{pmatrix} a_{11} & a_{12} \\ a_{21} & a_{22} \end{pmatrix}$ に対して，その列からなるベクトルを $\boldsymbol{a}_1 = \begin{pmatrix} a_{11} \\ a_{21} \end{pmatrix}, \boldsymbol{a}_2 = \begin{pmatrix} a_{12} \\ a_{22} \end{pmatrix}$ とすると，A が直交行列であるための必要十分条件は，命題 3.4 の条件 (2) からこの 2 つのベクトルが

$$\|\boldsymbol{a}_1\| = \|\boldsymbol{a}_2\| = 1, \ \boldsymbol{a}_1 \cdot \boldsymbol{a}_2 = 0$$

を満たすことである．この条件を満たす 2 つのベクトルを平面の**正規直交系**とよぶ．言い換えると，2 つのベクトルが正規直交系をなすとは，それぞれのベクトルの大きさが 1 でお互いに直交していることである．

一般に，平行でない 2 つのベクトル a, b から平面の正規直交系を作ることができる．実際，$x_1 = a$ とおく．次に $x_2 = b - \lambda x_1$ の形のベクトルで $x_1 \cdot x_2 = 0$ となるものを探す (図 3.2)．

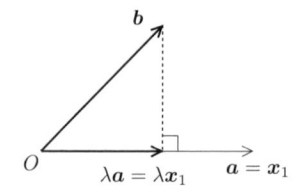

図 3.2 グラム・シュミットの直交化法

$$0 = x_1 \cdot x_2 = a \cdot b - \lambda a \cdot x_1 = a \cdot b - \lambda a \cdot a$$

なので，$\lambda = \dfrac{a \cdot b}{a \cdot a}$ とおけばよい．すなわち，

$$x_1 = a,\ x_2 = b - \frac{a \cdot b}{a \cdot a} a$$

とおけば，$x_1 \cdot x_2 = 0$ を満たす．さらに，

$$a_1 = \frac{x_1}{\|x_1\|},\ a_2 = \frac{x_2}{\|x_2\|}$$

とおけば，2 つのベクトル a_1, a_2 は平面の正規直交系となる．このような正規直交系の作り方を**グラム・シュミットの直交化法**とよぶ．

定理 3.3 直交変換は回転か，x 軸に関する対称移動と回転の合成かのいずれかである．

証明 直交変換を $f(a) = Aa$ とおき，$A = \begin{pmatrix} a_{11} & a_{12} \\ a_{21} & a_{22} \end{pmatrix}$ として，$a_1 = \begin{pmatrix} a_{11} \\ a_{21} \end{pmatrix}, a_2 = \begin{pmatrix} a_{12} \\ a_{22} \end{pmatrix}$ とする．a_1 と $e_1 = \begin{pmatrix} 1 \\ 0 \end{pmatrix}$ のなす角を θ とおくと $a_{11} = \cos\theta,\ a_{21} = \sin\theta$ となる．このとき，a_1, a_2 は平面の正規直交系をなすので，$a_{12} = \cos(\theta + 90°),\ a_{22} = \sin(\theta + 90°)$ か $a_{12} = \cos(\theta - 90°),\ a_{22} = \sin(\theta - 90°)$

が成り立つ．最初の場合が $A = \begin{pmatrix} \cos\theta & -\sin\theta \\ \sin\theta & \cos\theta \end{pmatrix}$ となり，これは角 θ の回転であり，後の場合が

$$A = \begin{pmatrix} \cos\theta & \sin\theta \\ \sin\theta & -\cos\theta \end{pmatrix} = \begin{pmatrix} \cos\theta & -\sin\theta \\ \sin\theta & \cos\theta \end{pmatrix} \begin{pmatrix} 1 & 0 \\ 0 & -1 \end{pmatrix}$$

となり，これは x 軸に関する対称移動 $\begin{pmatrix} 1 & 0 \\ 0 & -1 \end{pmatrix}$ と回転の合成である． □

第 4 章

複素数と複素平面

高等学校の数学では，複素数はすべての 2 次方程式が解を持つようにするために導入された．すなわち，$x^2 = -1$ という方程式を解くためには，どうしても虚数単位 i が必要となり，この虚数単位を含む数体系として複素数が定義された．しかし，小学校以来，実数というものに慣れ親しんだ我々は，数がどうしても実体のある物を計る量であるという感覚を持ち，したがって，2 乗して負の数になる数など，実体のない人工的なもののような感じを持つ場合が多い (実際には，物質科学である物理学は複素数なくしては記述できないのだが)．しかし，自然数から始まって，整数，有理数，実数もすべて人類が発明した概念であり，どの数も実際には人工的な物なのである．そう考えてみると，実数と複素数の差はあまりないことに気がつく．ここでは，よく分かっている実数と複素数を幾何学的に関係付けることを考える．

4.1 ガウス平面

複素数は，高等学校でも習ったように，実数 a, b を用いて，$a + ib$ と書かれる「数」のことである．ここで，i は**虚数単位**とよばれ，$i^2 = -1$ を満たすものである．a, b をそれぞれ複素数 z の**実部**および**虚部**とよび，

$$a = \mathrm{Re}(z), \qquad b = \mathrm{Im}(z)$$

という記号で表わす．特に，$b = 0$ のとき $z = a + i0 = a$ と定義する．つまり実数は，虚部が 0 である特別な複素数と考えることにする．また，$b \neq 0$ のとき，z を**虚数**とよび，その中でとくに $a = 0$ の形のもの，つまり ib の形の虚数を**純虚数**とよぶ．複素数が等しいというのは，その実部と虚部がそれぞれ等しいことと定義する．すなわち

$$a + ib = c + id \iff a = c \text{ かつ } b = d$$

が成り立つ．特に，$a + ib = 0$ は $a = b = 0$ を意味する．

複素数の加減乗除は，**虚数単位** i に対しても，今までの実数の計算の規則が当てはまるものと考えることにより定める．すなわち，

$$(a + ib) \pm (c + id) = (a \pm c) + i(b \pm d)$$

$$(a + ib)(c + id) = (ac - bd) + i(ad + bc)$$

$$\frac{a + ib}{c + id} = \frac{(a + ib)(c - id)}{(c + id)(c - id)} = \frac{ac + bd}{c^2 + d^2} + i\frac{bc - ad}{c^2 + d^2}$$

となる．一方，実数の間には大小関係が与えられたが，複素数にこの実数の大小関係を一般化した大小関係が与えられるかという問題が生ずる．いま，複素数の間に実数の大小関係と**同じ性質**を持つ大小関係 $\alpha < \beta$ が定義できたと仮定する．このとき特に，以下の性質 $(*)$ が成り立つ．

$(*)$ 任意の複素数 α に対して $\alpha = 0, \alpha < 0, \alpha > 0$ のうち，いずれか 1 つの関係だけが成り立つ．

そこで

(a) $\alpha < 0$ とすると，この両辺に $-\alpha$ を加えると $0 < -\alpha$ が成り立つ．さらに，この両辺に $-\alpha$ を掛けると $0 < \alpha^2$ が成り立つ．

(b) $0 < \alpha$ とすると，この両辺に α を掛けると，$0 < \alpha^2$ となる．

したがって，$\alpha \neq 0$ ならばつねに $0 < \alpha^2$ が成り立つ．そこで，$\alpha = 1$ のとき，$0 < 1^2 = 1$ である．また，$\alpha = i$ のとき，$0 < i^2 = -1$ となり，この両辺に 1 を加えると $1 < 0$ となり，$0 < 1$ と $1 < 0$ が同時に成り立ち，大小関係の性質 $(*)$ に矛盾する．このような理由から，複素数の集合には，実数の大小関係の自然な一般化となるような大小関係を定めないこととする．

次に，複素数 $z = a + ib$ に対して，$\bar{z} = a - ib$ を z の**共役複素数**とよぶ．このとき，定義から $\bar{\bar{z}} = z$ である．$z = a + ib$ に対して，$z\bar{z} = (a + ib)(a - ib) = a^2 + b^2$，$z + \bar{z} = 2a$ また $z - \bar{z} = 2ib$ なので，

$$\text{Re}(z) = \frac{1}{2}(z + \bar{z}), \quad \text{Im}(z) = \frac{1}{2i}(z - \bar{z})$$

が成り立つ．また，z が実数になるための条件は $b = \text{Im}(z) = 0$，純虚数となる

ための条件は $a = \mathrm{Re}(z) = 0$ なので，

$$z \text{ が実数} \iff z = \bar{z}, \qquad z \text{ が純虚数} \iff z + \bar{z} = 0$$

である．また次の性質も有用である：$z + \bar{z}, z\bar{z}$ は実数で，$z\bar{z} \geq 0$ である．

共役複素数については，以下の性質が成り立つ．

定理 4.1 複素数 α, β に対して，

(1) $\overline{\alpha \pm \beta} = \bar{\alpha} \pm \bar{\beta}$ (2) $\overline{\alpha\beta} = \bar{\alpha}\bar{\beta}$ (3) $\overline{\left(\dfrac{\alpha}{\beta}\right)} = \dfrac{\bar{\alpha}}{\bar{\beta}}$

が成り立つ．

証明 $\alpha = a + ib, \beta = c + id$ とおく．

(1) $\alpha \pm \beta = (a \pm c) + i(b \pm d)$ なので，$\overline{\alpha \pm \beta} = (a \pm c) - i(b \pm d) = (a - ib) \pm (c - id) = \bar{\alpha} \pm \bar{\beta}$ となる．

(2) $\alpha\beta = (ac - bd) + i(ad + bc)$ なので，$\overline{\alpha\beta} = (ac - bd) - i(ad + bc) = (a - ib)(c - id) = \bar{\alpha}\bar{\beta}$ となる．

(3) $\beta \neq 0$ のとき，$\alpha = \dfrac{\alpha}{\beta}\beta$ なので，(2) から $\bar{\alpha} = \overline{\left(\dfrac{\alpha}{\beta}\beta\right)} = \overline{\left(\dfrac{\alpha}{\beta}\right)}\bar{\beta}$ が成り立ち，両辺を $\bar{\beta} \neq 0$ で割ると，$\overline{\left(\dfrac{\alpha}{\beta}\right)} = \dfrac{\bar{\alpha}}{\bar{\beta}}$ が得られる． □

平面上に直交座標をとり，複素数 $z = a + ib$ に (a, b) という座標を持った点 P を対応させれば，どの複素数にも平面上の点が対応し，逆に平面上のどの点にも1つの複素数が対応する．このように，平面上の点 (a, b) を複素数 $z = a + ib$ とみなすとき，この平面を**ガウス平面**または**複素平面**とよぶ．このとき，x 軸は実

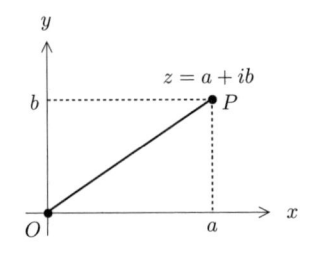

図 4.1 ガウス平面

数に対応しているので，**実軸**，y 軸は純虚数に対応しているので**虚軸**とよばれる．

ガウス平面上では，複素数 $z = a + ib$ は点 $P(a,b)$ とみなされたが，ここで，ベクトル $\overrightarrow{OP}$ と考えることもできる．いま，2つの複素数 $\alpha = a+ib, \beta = c+id$ を考え，その和は $\alpha+\beta = (a+c)+i(b+d)$ となり，ガウス平面上では座標 $(a+c, b+d)$ に対応している．これは，α をベクトル $\overrightarrow{OP}$ とみなし，β をベクトル $\overrightarrow{OQ}$ とみなしたときのベクトルの和 $\overrightarrow{OP}+\overrightarrow{OQ}$ の座標に他ならない．このように，複素数の和は複素数をガウス平面上のベクトルとみなした場合の，ベクトルの和として解釈される．では，複素数の積の幾何学的意味はどうなるのであろうか．

4.2 複素数の乗法

複素数 $\alpha = a+ib$ に，虚数単位 i をかけると $i\alpha = ia - b = -b + ia$ となるので，i をかけるという操作はベクトル表示では，点 (a,b) を点 $(-b,a)$ に移すことに対応している．複素数をベクトルと見ると，この対応は1次変換 $f(\boldsymbol{a}) = \begin{pmatrix} 0 & -1 \\ 1 & 0 \end{pmatrix} \boldsymbol{a}$ である．ただし，ここで $\alpha = \boldsymbol{a} = \begin{pmatrix} a \\ b \end{pmatrix}$ と表示している．この対応は，平面上の $\pi/2$ 回転という直交変換である．次に複素数 $3i$ を複素数 α に掛けてみると $(3i)\alpha = 3(i\alpha)$ なので，平面ベクトルとして見ると $\alpha = \boldsymbol{a}$ を $\pi/2$ だけ回転して次に3倍するということに対応している．より一般の複素数の積を，平面ベクトルとして解釈するには，**極形式表示**が便利である．$\alpha = \boldsymbol{a} = a + ib$ としたとき，

$$r = \|\boldsymbol{a}\| = \sqrt{a^2+b^2} \qquad (\theta \text{ を実軸の正の方向と } \alpha \text{ のなす角})$$

とすると $a = r\cos\theta, b = r\sin\theta$ と書き表わされるので，複素数の極形式表示

$$\alpha = r(\cos\theta + i\sin\theta)$$

が得られる．このとき，r を α の**絶対値（大きさ）**とよび，$r = |\alpha|$ と表わす．複素数の記号で書き表わすと，$\alpha = a+ib$ のとき，$|\alpha| = \sqrt{a^2+b^2}$ である．また，$\alpha\bar{\alpha} = (a+ib)(a-ib) = a^2+b^2$ なので，$r = |\alpha| = \sqrt{\alpha\bar{\alpha}}$ でもある．特に，$|\alpha| = 1$ は $\alpha\bar{\alpha} = 1$ と同値なので，

$$|\alpha| = 1 \iff \bar{\alpha} = \frac{1}{\alpha}$$

が成り立つ．

一方，θ は α によって一意的には決まらない量である．いま，1 つの θ に対して，

$$\cos\theta = \cos(\theta + 2n\pi), \ \sin\theta = \sin(\theta + 2n\pi) \quad (n = 0, \pm 1, \pm 2, \cdots)$$

となる．このとき，$\arg\alpha = \theta$ と書き (正確には $\arg\alpha = \theta + 2n\pi$) α の**偏角**とよぶ．ただし，$\alpha = 0$ のときは偏角は定まらない．しかし，$\alpha = 0$ のときは $r = 0$ なので，すべての複素数は極形式表示を持つとしてよい．ここで，便宜上

$$e^{i\theta} = \cos\theta + i\sin\theta$$

と表わす．ここで，e はオイラー数 (自然対数，ネイピアの双曲的対数，p.152 参照) とよばれる特別な実数を表わし，この関係式はオイラーの公式とよばれる (p.170 参照)．しかし，実数 e の複素数 $i\theta$ べき $e^{i\theta}$ の明確な意味付けには**複素関数論**における諸概念が必要である．一般に

$$\alpha = a + ib = r(\cos\theta + i\sin\theta) = re^{i\theta}$$

と書かれる．このような表示が便利なわけは，以下の関係式から分かる．

命題 4.1 $e^{i\theta}$ には指数法則

$$e^{i\theta}e^{i\phi} = e^{i(\theta+\phi)}$$

が成り立つ．

証明 $e^{i\theta}e^{i\phi} = (\cos\theta + i\sin\theta)(\cos\phi + i\sin\phi)$
$= \cos\theta\cos\phi - \sin\theta\sin\phi + i(\cos\theta\sin\phi + \sin\theta\cos\phi)$
$= \cos(\theta + \phi) + i\sin(\theta + \phi) = e^{i(\theta+\phi)}.$ □

したがって，数学的帰納法により，$(e^{i\theta})^n = e^{in\theta}$ が成り立つ．この式を極形式表示で表わしたものが以下のド・モアブルの定理である．

定理 4.2 (ド・モアブルの定理)

$$(\cos\theta + i\sin\theta)^n = \cos n\theta + i\sin n\theta.$$

一般に $\alpha = r_1 e^{\theta_1}, \beta = r_2 e^{\theta_2}$ とすると，$\alpha\beta = r_1 e^{\theta_1} r_2 e^{\theta_2} = r_1 r_2 e^{\theta_1} e^{\theta_2} = r_1 r_2 e^{\theta_1 + \theta_2}$ であるから

$$|\alpha\beta| = r_1 r_2, \quad \arg(\alpha\beta) = \theta_1 + \theta_2$$

が成り立つ．ここで，$r_1 = |\alpha|, r_2 = |\beta|, \arg\alpha = \theta_1, \arg\beta = \theta_2$ なので，

$$|\alpha\beta| = |\alpha||\beta|, \quad \arg(\alpha\beta) = \arg\alpha \arg\beta$$

が成り立つ．

複素数の除法の特別な場合として，$\alpha^{-1} = \dfrac{1}{\alpha}$ の図形的意味を考える．$1 = e^0$ なので，$\arg 1 = 0$ であり，ゆえに

$$\left|\frac{1}{\alpha}\right| = \frac{1}{|\alpha|}, \ \arg\left(\frac{1}{\alpha}\right) = -\arg\alpha$$

となる．特に，$|\alpha| = 1$ の場合，$\alpha = \cos\theta + i\sin\theta$ となり，$\dfrac{1}{\alpha} = \cos(-\theta) + i\sin(-\theta) = \cos\theta - i\sin\theta = \overline{\alpha}$ なので，$|\alpha| = 1$ ならば $\dfrac{1}{\alpha} = \overline{\alpha}$ が成り立つ．

問 4.1 α, β を複素数とする．$|\alpha| = |\beta| = 1, |\alpha + \beta| = \sqrt{3}$ が成り立つとき，$\dfrac{\alpha}{\beta}$ を極形式で表わせ．

4.3 複素数と平面図形

複素数 α, β を平面上のベクトルとみたとき，$\beta - \alpha$ を $\overrightarrow{\alpha\beta} = \beta - \alpha$ と表わす．ここで，

$$\alpha \text{ が実数} \iff \alpha = \overline{\alpha} \iff \arg\alpha = 0 \text{ または } \pi$$

$$\alpha \text{ が純虚数} \iff \overline{\alpha} = -\alpha \iff \arg\alpha = \frac{\pi}{2} \text{ または } \frac{3\pi}{2}$$

である．この事実を用いると以下が成り立つ．

命題 4.2 α, β, γ を複素数とする．このとき，α, β, γ が一直線上にあるための必要十分条件は

$$\frac{\beta - \alpha}{\gamma - \alpha}$$

が実数であることである．

証明 α, β, γ が一直線上にあることはベクトル $\overrightarrow{\alpha\gamma}$ とベクトル $\overrightarrow{\alpha\beta}$ が同じ向きか反対の向きを向いていることである．したがって，

$$\arg(\beta - \alpha) = \arg(\gamma - \alpha), \text{ または } \arg(\beta - \alpha) = \arg(\gamma - \alpha) + \pi$$

が成り立つことと同値になる．言い換えると

$$\arg \frac{\beta - \alpha}{\gamma - \alpha} = 0 \text{ または } \pi$$

が成り立ち，これは，$\dfrac{\beta - \alpha}{\gamma - \alpha}$ が実数であることを意味する． □

さらに，次の命題も成り立つ．

命題 4.3 複素数 α, β, γ に対して，$\overrightarrow{\alpha\beta}$ と $\overrightarrow{\alpha\gamma}$ が直交するための必要十分条件は

$$\frac{\beta - \alpha}{\gamma - \alpha}$$

が純虚数となることである．

証明 $\overrightarrow{\alpha\beta}$ と $\overrightarrow{\alpha\gamma}$ が直交するということは偏角を用いて表わすと

$$\arg(\beta - \alpha) - \arg(\gamma - \alpha) = \frac{\pi}{2} \text{ または } \frac{3}{2}\pi$$

となることである．この条件はさらに以下のように言い換えられる：

$$\arg \frac{\beta - \alpha}{\gamma - \alpha} = \frac{\pi}{2} \text{ または } \frac{3}{2}\pi$$

この条件は $\dfrac{\beta - \alpha}{\gamma - \alpha}$ が純虚数であることを意味している． □

次に三角形の相似条件を考える．三角形 $\triangle \alpha\beta\gamma$ と三角形 $\triangle \alpha'\beta'\gamma'$ が**向きを保って相似**とは，回転，拡大・縮小と平行移動で重ね合わせることができることである．また，三角形 $\triangle \alpha\beta\gamma$ と三角形 $\triangle \alpha'\beta'\gamma'$ が**反対の向きに相似**とは，回転，実軸に関する対称移動，拡大・縮小と平行移動で重ね合わせることができることである．このとき以下の命題が成り立つ：

命題 4.4 (1) 三角形 $\triangle \alpha\beta\gamma$ と三角形 $\triangle \alpha'\beta'\gamma'$ が向きを保って相似であるための必要十分条件は

$$\frac{\beta-\alpha}{\gamma-\alpha} = \frac{\beta'-\alpha'}{\gamma'-\alpha'}$$

が成り立つことである.

(2) 三角形 $\triangle \alpha\beta\gamma$ と三角形 $\triangle \alpha'\beta'\gamma'$ が反対の向きに相似であるための必要十分条件は

$$\frac{\beta-\alpha}{\gamma-\alpha} = \frac{\overline{\beta'-\alpha'}}{\overline{\gamma'-\alpha'}}$$

が成り立つことである.

証明 三角形 $\triangle \alpha\beta\gamma$ において,点 α を通る 2 辺は $\beta-\alpha$ と $\gamma-\alpha$ であり,三角形 $\triangle \alpha'\beta'\gamma'$ で,点 α' を通る 2 辺は $\beta'-\alpha'$ と $\gamma'-\alpha'$ である.いま,この 2 つの三角形が向きを保って相似であるための必要十分条件は,中学校までの数学でも習ったように対応する頂点における 2 辺の比とその 2 辺はさまれる角が等しいことである.ただし,角は時計の向きと反対向きに計るときに正の向きとする.このことは言い換えると

$$|\beta-\alpha| : |\gamma-\alpha| = |\beta'-\alpha'| : |\gamma'-\alpha'|$$
$$\arg(\beta-\alpha) - \arg(\gamma-\alpha) = \arg(\beta'-\alpha') - \arg(\gamma'-\alpha')$$

となる.さらに言い換えると

$$\frac{|\beta-\alpha|}{|\gamma-\alpha|} = \frac{|\beta'-\alpha'|}{|\gamma'-\alpha'|}$$
$$\arg\frac{\beta-\alpha}{\gamma-\alpha} = \arg\frac{\beta'-\alpha'}{\gamma'-\alpha'}$$

が成り立つ.絶対値と偏角が等しい複素数は等しいので,上の条件は

$$\frac{\beta-\alpha}{\gamma-\alpha} = \frac{\beta'-\alpha'}{\gamma'-\alpha'}$$

を意味する.

次に,実軸の対称移動は複素数では,共役複素数をとることに対応しているので,三角形 $\triangle \alpha\beta\gamma$ と三角形 $\triangle \alpha'\beta'\gamma'$ が反対の向きに相似であることは,三角形

$\triangle\alpha\beta\gamma$ と三角形 $\triangle\overline{\alpha'\beta'\gamma'}$ が向きを保って相似であることと同値であり，(2) の主張が成り立つ． □

この命題の応用として，以下の正三角形の特徴付けが得られる．

命題 4.5 三角形 $\triangle\alpha\beta\gamma$ が正三角形であるための必要十分条件は
$$\alpha^2 + \beta^2 + \gamma^2 - \beta\gamma - \gamma\alpha - \alpha\beta = 0$$
を満たすことである．

証明 三角形 $\triangle\alpha\beta\gamma$ が正三角形であることは三角形 $\triangle\alpha\beta\gamma$ と三角形 $\triangle\beta\gamma\alpha$ が向きを保って相似であることと同値である．命題 4.4 より，この条件は条件
$$\frac{\beta-\alpha}{\gamma-\alpha} = \frac{\gamma-\beta}{\alpha-\beta}$$
と同値である．この等式から分母を払って，式を展開すると命題の関係式が得られる． □

問 4.2 α, β, γ が原点を中心とする半径 1 の円周上にあり，$\alpha+\beta+\gamma = 0$ を満たすとき，三角形 $\triangle\alpha\beta\gamma$ はどんな三角形か．

上の問いでは，3 つの複素数が円周上にあるということが仮定されているが，ここでは 4 つの複素数が円周上にあるための条件を記述することができる．

命題 4.6 異なる 4 つの複素数 $\alpha, \beta, \gamma, \delta$ が同一円周上または同一直線上にあるための必要十分条件は
$$r = \frac{\dfrac{\beta-\gamma}{\alpha-\gamma}}{\dfrac{\beta-\delta}{\alpha-\delta}}$$
が零でない実数となることである．

証明 $\angle\alpha\gamma\beta = \theta, \angle\alpha\delta\beta = \theta'$ とおくと，

$$\arg\left(\frac{\frac{\beta-\gamma}{\alpha-\gamma}}{\frac{\beta-\delta}{\alpha-\delta}}\right) = \arg\left(\frac{\beta-\gamma}{\alpha-\gamma}\right) - \arg\left(\frac{\beta-\delta}{\alpha-\delta}\right)$$

$$= \theta - \theta' \ (+2n\pi) \quad (m \text{ は整数})$$

なので，$\arg r = \theta - \theta' \ (+2n\pi)$ である．

ここで，$\alpha, \beta, \gamma, \delta$ が同一円周上または同一直線上にあると仮定する．

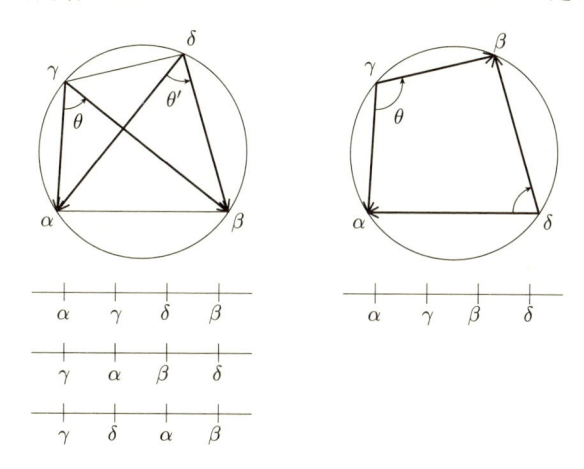

(1) γ, δ が α, β を分離しない． (2) γ, δ が α, β を分離する．

図 **4.2** 点 $\alpha\beta\gamma\delta$ の位置関係

(1) 2点 γ, δ が2点 α, β を分離しない場合，円周上にあるときは円周角が等しいという理由で，直線上にあるときはその位置関係から $\arg r = 0$ が分かる．言い換えれば，r は実数である．

(2) 2点 γ, δ が2点 α, β を分離する場合，いずれの場合も $\angle\alpha\gamma\beta$ と $\angle\beta\delta\alpha$ は反対向きの角となり，$\angle\alpha\gamma\delta$ と $\angle\beta\delta\alpha$ は同じ向きの角である．したがって，

$$\angle\alpha\gamma\beta + \angle\beta\delta\alpha = \pi \text{ または } -\pi$$

となる．したがって，

$$\angle\alpha\gamma\beta + \angle\alpha\delta\beta = \pi \text{ または } -\pi$$

となり，この式は

$$\arg r = \theta - \theta' = \pm \pi$$

を意味する．したがって，r は負の実数である．

上の計算と議論を逆にたどれば，r が零でない実数のとき，$\alpha, \beta, \gamma, \delta$ が同一円周または同一直線上にあることが示される． □

ここでは，特別な場合として，単位円周上にある複素数の性質について述べる．ガウス平面上で，原点を中心として半径 1 の円板を**単位円板**とよぶ．単位円板は

$$\{z \mid |z| \leq 1\}$$

または

$$\{re^{i\theta} \mid 0 \leq r \leq 1,\ 0 \leq \theta < 2\pi\}$$

で表わされる．その境界を**単位円周**とよぶ．単位円周は

$$\{z \mid |z| = 1\}$$

または

$$\{e^{i\theta} \mid 0 \leq \theta < 2\pi\}$$

と表わされる．ここで，$e^{i\theta} = \cos\theta + i\sin\theta$ であることを思い出しておく．このとき，

$$1 = e^{i0}, \qquad\qquad i = e^{i\frac{\pi}{2}}e^{i0} = e^{i\frac{\pi}{2}},$$
$$-1 = ii = e^{i\frac{\pi}{2}}e^{i\frac{\pi}{2}} = e^{i\pi}, \quad -i = i(-1) = e^{i\frac{\pi}{2}}e^{i\pi} = e^{i\frac{3}{2}\pi}$$

である．この事実は，$i, -1, -i$ が 1 から $\pi/2$ 回転して次々と得られることを意味している．一般に，単位円周上の複素数 $e^{i\theta}, e^{i\theta'}$ の積は $e^{i(\theta+\theta')}$ であり，再び単位円周上にある．したがって，1 から出発して，θ 回転を繰り返す変換は

$$1 \longrightarrow e^{i\theta} \longrightarrow e^{i2\theta} \longrightarrow \cdots \longrightarrow e^{in\theta}$$

となり，これは $e^{i\theta}$ のべきをとる操作である．

ここで，$z = e^{i\frac{\pi}{3}}$ を考えると，

$$z^2 = e^{i\frac{2}{3}\pi},\ z^3 = e^{i\pi},\ z^4 = e^{i\frac{4}{3}\pi},\ z^5 = e^{i\frac{5}{3}\pi},\ z^6 = e^{i2\pi} = 1$$

となり，$z^6 = 1$ の解である．

一般に $z^n = 1$ の解は

$$1,\ e^{2\pi i \frac{1}{n}},\ e^{2\pi i \frac{2}{n}},\ e^{2\pi i \frac{3}{n}},\ \cdots,\ e^{2\pi i \frac{n-1}{n}}$$

で与えられ，単位円周上に $z = 1$ を 1 つの頂点とする正 n 角形の頂点として並んでいる．

特に，$z^3 = 1$ のときは，

$$z = 1,\ \omega = e^{\frac{2}{3}\pi} = \frac{-1}{2} + i\frac{\sqrt{3}}{2},\ \omega^2 = e^{i\frac{4}{3}\pi} = -\frac{1}{2} - i\frac{\sqrt{3}}{2}$$

となる．実際この解は $z^3 - 1 = (z - 1)(z^2 + z + 1)$ と因数分解することによっても得られる．

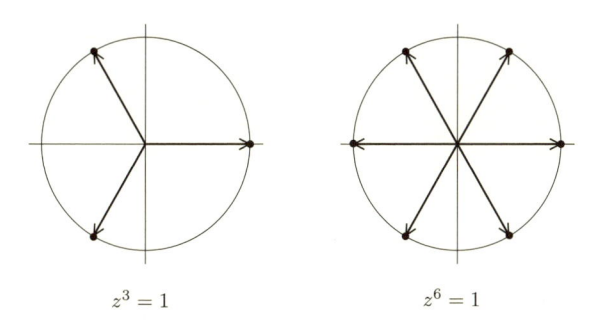

$z^3 = 1$ $z^6 = 1$

図 4.3 $z^3 = 1$ と $z^6 = 1$ の解の単位円周上の分布

問 4.3 (1) 4 次方程式 $z^4 + 16 = 0$ を解き，解をガウス平面上に図示せよ．
(2) $-2 + 2i$ の 3 乗根を求めて，ガウス平面上に図示せよ．

4.4 1 次関数

複素数 z に対して，複素数 $\alpha, \beta, \gamma, \delta$ によって

$$\omega = \frac{\alpha z + \beta}{\gamma z + \delta} \quad (\alpha\delta - \beta\gamma \neq 0)$$

で与えられる，対応 $z \mapsto \omega$ を考える．この対応は z 平面から ω 平面への写像 (関数) と考えることができて，**1 次関数**または **1 次分数関数**とよばれる．この 1 次関数は複素数の関数 (複素関数論という分野で解説される) の中でもっとも単

純なものであるが，一般の複素関数が持っているさまざまな良い性質を持っている．ここでは，この 1 次関数のガウス平面上での振る舞いを調べる．

(1) $\gamma = 0$ のとき．条件 $\alpha\delta - \beta\gamma \neq 0$ から，$\delta \neq 0$ となり，

$$\omega = \frac{\alpha z + \beta}{\gamma} = \frac{\alpha}{\delta}z + \frac{\beta}{\delta}$$

と書かれる．

(2) $\gamma \neq 0$ のとき．

$$\omega = \frac{1}{\gamma}\frac{\alpha\gamma z + \beta\gamma}{\gamma z + \delta} = \frac{1}{\gamma}\frac{\alpha(\gamma z + \delta) + (\beta\gamma - \alpha\delta)}{\gamma z + \delta} = \frac{\alpha}{\gamma} + \frac{1}{\gamma z + \delta}\frac{\beta\gamma - \alpha\delta}{\gamma}$$

と書き表わせる．ここで，以下の 3 種類の 1 次関数を考える：

(Ⅰ)　　$\omega = Az\ (A \neq 0)$
(Ⅱ)　　$\omega = z + B$
(Ⅲ)　　$\omega = \dfrac{1}{z}$．

このとき，(1) の場合は，

$$\omega = \frac{\alpha z + \beta}{\gamma} = \frac{\alpha}{\delta}z + \frac{\beta}{\delta}$$

なので，$A = \dfrac{\alpha}{\delta}, B = \dfrac{\beta}{\delta}$ とおくと，1 次関数 ω は 2 つの 1 次関数

(Ⅰ): $z \to Az = \dfrac{\alpha}{\delta}z$,　　(Ⅱ): $z' \to z' + B = z' + \dfrac{\beta}{\delta}$

の合成となる．

(2) の場合は，1 次関数 ω は，5 つの 1 次関数

(Ⅰ): $z \to \gamma z$,　　(Ⅱ): $z_1 \to z_1 + \delta$,　　(Ⅲ): $z_2 \to \dfrac{1}{z_2}$
(Ⅰ): $z_3 \to \dfrac{\beta\gamma - \alpha\delta}{\delta}z_3$,　　(Ⅱ): $z_4 \to z_4 + \dfrac{\alpha}{\gamma}$

の合成となる．したがって以下の命題が成り立つ．

命題 4.7　任意の 1 次関数は (Ⅰ), (Ⅱ), (Ⅲ) の形の 1 次関数の合成で表わされる．

この命題から，1 次関数のさまざまな性質を調べるためには，(Ⅰ), (Ⅱ), (Ⅲ) の形の 1 次関数の性質を調べればよいことが分かる．ちょうど，整数が素数に分解

されるように，1次関数はこの3つのタイプの1次関数の合成で表わされている．

ここで，1次関数による変換で変わらない図形の性質について考えると，以下の定理が証明できる．

定理 4.3 1次関数

$$\omega = \frac{\alpha z + \beta}{\gamma z + \delta} \qquad (\alpha\delta - \beta\gamma \neq 0)$$

によって，z 平面上の円または直線は ω 平面上の円または直線に写る．

この定理を証明するために，まずガウス平面上の直線と平面の方程式を与える．xy 平面上では，直線と円の方程式は第2章で以下のように与えられた．

$$\text{直線} \quad : \quad ax + by + c = 0 \tag{4.1}$$

$$\text{円} \quad : \quad x^2 + y^2 + 2ax + 2by + c = 0 \quad (a^2 + b^2 > c) \tag{4.2}$$

これらの方程式を，複素数で表現すると以下のようになる．$z = x + iy$ なので，$\bar{z} = x - iy$ を考えると $z + \bar{z} = 2x$, $z - \bar{z} = 2iy$ すなわち

$$x = \frac{z + \bar{z}}{2}, \quad y = \frac{z - \bar{z}}{2i} = -i\frac{z - \bar{z}}{2}$$

となる．これを，式 (4.1) に代入すると，

$$\left(\frac{a}{2} - i\frac{b}{2}\right)z + \left(\frac{a}{2} + i\frac{b}{2}\right)\bar{z} c = 0$$

となる．ここで，

$$A = \frac{a}{2} - i\frac{b}{2}$$

とおくと，

$$\overline{A} = \frac{a}{2} + i\frac{b}{2}$$

であり，直線の方程式は

$$Az + \overline{A}\bar{z} + c = 0 \quad (c \text{ は実数}) \tag{4.3}$$

となる．次に式 (4.2) に代入すると，

$$\left(\frac{z + \bar{z}}{2}\right)^2 + \left(-i\frac{z - \bar{z}}{2}\right)^2 + 2a\left(\frac{z + \bar{z}}{2}\right) + 2b\left(-i\frac{z - \bar{z}}{2}\right) + c = 0$$

となり，整理すると
$$z\bar{z} + (a-ib)z + (a+ib)\bar{z} + c = 0 \tag{4.4}$$
となる．ここで，$A = a - ib$ とおくと，$\bar{A} = a + ib$ であり，円の方程式は
$$z\bar{z} + Az + \bar{A}\bar{z} + c = 0 \quad (c \text{ は実数})$$
となる．ここで，半径が正であるための条件は $a^2 + b^2 - c > 0$ であり，言い換えると $A\bar{A} > c$ である．

一般の 1 次関数は (I), (II), (III) の形の 1 次関数の合成なので，定理 4.3 の証明にはそれぞれの場合に確かめればよい．

（I）$\omega = Az\ (A \neq 0)$: $A = Re^{i\phi}, z = re^{i\theta}$ とおくと，
$$\omega = Re^{i\phi} re^{i\theta} = Rre^{i(\theta + \phi)}$$
なので，1 次関数 $\omega = Az$ は，z を ϕ だけ回転して R 倍するだけである．回転して拡大または縮小するだけなので，円と直線はその相似図形である円と直線に写る．

（II）$\omega = z + B$: B をベクトルと見ると，この 1 次関数は z を B だけ平行移動するので，円と直線は合同な円と直線に写る．

（III）$\omega = \dfrac{1}{z}$: 直線の方程式
$$Az + \bar{A}\bar{z} + c = 0$$
に $z = 1/\omega$ を代入して整理すると，
$$c\omega\bar{\omega} + \bar{A}\omega + A\bar{\omega} = 0$$
となる．ここで，$c = 0$ のとき，式は $\bar{A}\omega + A\bar{\omega} = 0$ となり，原点を通る直線を表わす．一方，$c \neq 0$ のとき，$Az + \bar{A}\bar{z} + c = 0$ から，$A \neq 0$ である．ここで $B = \bar{A}/c$ とおくと，式は
$$\omega\bar{\omega} + B\omega + \bar{B}\bar{\omega} = 0$$
となる．ここで，$B\bar{B} = A\bar{A}/c^2 > 0$ なので，この式は円の方程式である．もとの直線の方程式 $Az + \bar{A}\bar{z} + c = 0$ は，$c = 0$ のとき原点を通る直線を表わし，$c \neq 0$ のとき原点を通らない直線を表わすので，以下の命題が示されたことになる．

命題 4.8 1次関数 $\omega = \dfrac{1}{z}$ により, z 平面上の原点を通る直線は ω 平面上の原点を通る直線に写す. 原点を通らない直線は (原点を通る) 円に写す.

次に円の方程式 $z\bar{z} + Az + \overline{A}\bar{z} + c = 0$ に $z = 1/\omega$ を代入すると,
$$c\omega\overline{\omega} + A\overline{\omega} + \overline{A}\omega + 1 = 0$$
が得られる. $c = 0$ のとき, 上式は $A\overline{\omega} + \overline{A}\omega + 1 = 0$ となり, 原点を通らない直線を表わす. $c \neq 0$ のときは,
$$\omega\overline{\omega} + \dfrac{A}{c}\overline{\omega} + \dfrac{\overline{A}}{c}\omega + \dfrac{1}{c} = 0$$
となり,
$$B\overline{B} = \dfrac{1}{c^2}(\overline{A}A) > \dfrac{1}{c^2}c = \dfrac{1}{c}$$
を満たすので, 半径が正の, 原点を通らない円を表わす. 一方, 円の方程式 $z\bar{z} + Az + \overline{A}\bar{z} + c = 0$ は, $c = 0$ のとき原点を通る円を表わし, $c \neq 0$ のとき原点を通らない円を表わすので, 以下の命題が示されたことになる.

命題 4.9 1次関数 $\omega = \dfrac{1}{z}$ により, z 平面上の原点を通る円は ω 平面上の (原点を通らない) 直線へ写り, 原点を通らない円は (原点を通らない) 円へ写る.

以上の議論から, 定理 4.3 が証明された.

問 4.4 (1) (x, y) が直線 $3x + 4y = 1$ の上を動くとき,
$$u + iv = \dfrac{1}{x + iy}$$
で定まる点 (u, v) の軌跡の長さを求めよ.

(2) z が $1 + i$ を中心とする半径 1 の円周上を動くとき,
$$\omega = \dfrac{1 - iz}{1 + iz}$$
はどんな図形を描くか.

4.5 リーマン球面

複素数の積はガウス平面上では，原点を中心とした回転と拡大縮小であり，また1次関数 $\omega = 1/z$ は $z = 0$ では定まらない．ここで，複素数を原点中心の球面上の点として表わすことを考え，1次関数 $\omega = 1/z$ が $z = 0$ でも意味を持つようにする．

3次元空間の点を座標 (ξ, η, ζ) で表わす．このとき，$\zeta = 0$ で定まる平面 Π の点 $(\xi, \eta, 0)$ をガウス平面とみなす．すなわち $z = \xi + i\eta$ と考える．ここで，3次元空間内の原点を中心とする半径1の球面

$$\Sigma : \xi^2 + \eta^2 + \zeta^2 = 1$$

を考える．この球面上の点 (北極)$N(0,0,1)$ を考え．Σ 上の任意の点 P に対して，直線 NP と平面 Π との交点を P' とする．$P \mapsto P'$ という対応 (写像) を**立体射影**とよぶ．ここで，P の座標を (ξ, η, ζ) とするとき，P' の座標を求める．$P' = z = x + iy$ として，この球面の平面 OPP' との共通部分 (切り口) をみると以下の図 4.4 のようになる．H を点 P の線分 ON へ下ろした垂線の足とすると，$\overline{NH} = 1 - \zeta$ である．$\overline{HP} = \rho$ かつ $|z| = r$ とすると $\triangle NHP$ と $\triangle NOP$ は向きを保って相似なので，

$$\frac{\rho}{r} = \frac{1-\zeta}{1}$$

となる．一方，$\xi\eta$ 平面での切り口は，以下の図のようになり，同様に三角形の相似性から，関係式

$$\frac{x}{\xi} = \frac{y}{\eta} = \frac{r}{\rho}$$

が得られる (図 4.4)．したがって

$$x = \frac{\xi}{1-\zeta},\ y = \frac{\eta}{1-\zeta}$$

が得られる．ゆえにこの立体射影は

$$P(\xi, \eta, \zeta) \mapsto P'(x, y) = \left(\frac{\xi}{1-\zeta}, \frac{\eta}{1-\zeta}\right)$$

という対応である．複素数 $z, \bar{z}$ を書き表わすと，

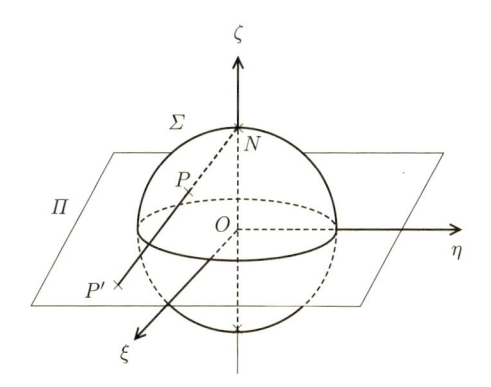

図 4.4 立体射影

$$z = \frac{\xi + i\eta}{1-\zeta}, \ \overline{z} = \frac{\xi - i\eta}{1-\zeta}$$

となる．逆に，(ξ, η, ζ) を $z, \overline{z}$ で表わすことを考える．

$$z\overline{z} = \frac{\xi^2 + \eta^2}{(1-\zeta)^2} = \frac{1-\zeta^2}{(1-\zeta)^2} = \frac{1+\zeta}{1-\zeta}$$

なので，

$$z\overline{z} - 1 = \frac{2\zeta}{1-\zeta}, \ z\overline{z} + 1 = \frac{2}{1-\zeta}$$

である．したがって，

$$\zeta = \frac{z\overline{z} - 1}{z\overline{z} + 1}$$

となる．一方，$\xi + i\eta = z(1-\zeta), \xi - i\eta = \overline{z}(1-\zeta)$ なので，辺々足して $2\xi = (z+\overline{z})(1-\zeta)$ が得られる．さらに，辺々引くことにより，$2i\eta = (z-\overline{z})(1-\zeta)$ となる．ここで，ζ を表わす式を代入し整理すると

$$\xi = \frac{z + \overline{z}}{z\overline{z} + 1}, \qquad \eta = -i\frac{z - \overline{z}}{z\overline{z} + 1}, \qquad \zeta = \frac{z\overline{z} - 1}{z\overline{z} + 1}$$

となる．この対応，$P'(z) \mapsto P(\xi, \eta, \zeta)$ を**逆立体射影**とよぶ．

立体射影を通して見ると，単位球面 Σ 上の $N(0, 0, 1)$ はガウス平面 Π 上の原点から無限遠にある点と見ることができる．Π 上では無限遠の点は考えることができなかったが，Σ 上では N であり，他の点と区別する必要はない．この理

由から点 N を ∞ と書く．このとき Σ を**リーマン球面**とよぶ．

∞ と他の複素数 α との演算は

$$\alpha + \infty = \infty + \alpha = \infty, \ \frac{\alpha}{\infty} = 0$$

および $\beta \neq 0$ に対して，

$$\beta\infty = \infty\beta = \infty, \ \frac{\beta}{0} = \infty$$

と定める．しかし，

$$\infty + \infty, \ 0\infty, \ \frac{\infty}{\infty}, \ \frac{0}{0}$$

は定義しない．これらの演算は，便宜的なもので，通常の演算の性質は満たさない．例えば，

$$\frac{\alpha}{\infty} = 0 = \frac{\beta}{\infty}$$

でも，$\alpha = \beta$ とは限らない．

上のように定めると，1次関数 $\omega = \dfrac{1}{z}$ は，$z = \infty$ や $z = 0$ においても定まる．実際 $z = 0$ のときは，$\omega = \infty$ であり，$z = \infty$ のときは，$\omega = 0$ である．リーマン球面を考えると，円（または，直線）と円（または，直線）の1次関数による対応は，以下の定理からより単純形となる．

定理 4.4 立体射影により，ガウス平面上の円はリーマン球面上の ∞ を通らない円に対応し，ガウス平面上の直線はリーマン球面上の ∞ を通る円に対応する．

ここで，リーマン球面上の円とは，ある平面とリーマン球面との交わりが2点以上ある場合にその交点の軌跡が与える曲線である．

証明 ガウス平面上の円は (4.4) から

$$z\bar{z} + Az + \overline{A}\bar{z} + \tilde{c} = 0,$$

で与えられる．ただし，$\tilde{c}$ は実数で $A\overline{A} - \tilde{c} > 0$ を満たす．a, b, c, d を実数で，$c + d \neq 0$ なるものとして，

$$A = \frac{a + ib}{c + d}, \ \tilde{c} = \frac{-c + d}{c + d}$$

とすると，円の方程式は

$$a(z+\bar{z}) + ib(z-\bar{z}) + c(z\bar{z}-1) + d(z\bar{z}+1) = 0 \tag{4.5}$$

となる．逆に，この表示は $c+d \neq 0$ のとき，円の方程式に変形できる．ここで，

$$A\overline{A} - \tilde{c} = \frac{a^2+b^2}{(c+d)^2} + \frac{c-d}{c+d} = \frac{a^2+b^2+c^2-d^2}{(c+d)^2} \tag{4.6}$$

なので，$A\overline{A} - \tilde{c} > 0$ となるための必要十分条件は $a^2+b^2+c^2 > d^2$ である．この条件は円の半径が正の実数となる条件である．上記の円の表示で，$c+d=0$ のときはこの方程式は

$$(a+ib)z + (a-ib)\bar{z} + d - c = 0 \tag{4.7}$$

で直線を表わす．ただし，$(a,b) = (0,0)$ のときは，方程式 (4.7) は $d-c=0$ で直線を表わさないので，$(a,b) \neq (0,0)$ である．したがって，

$$a(z+\bar{z}) + ib(z-\bar{z}) + c(z\bar{z}-1) + d(z\bar{z}+1) = 0 \tag{4.8}$$

はガウス平面上の円または直線の式である．ただし，a,b,c,d は $(a,b) \neq (0,0)$ かつ $d^2 < a^2+b^2+c^2$ を満たす実数とする．ここで，対応するリーマン球面 Σ 上の図形は，逆立体射影は

$$\xi = \frac{z+\bar{z}}{z\bar{z}+1}, \ \eta = \frac{-i(z-\bar{z})}{z\bar{z}+1}, \ \zeta = \frac{z\bar{z}-1}{z\bar{z}+1}$$

という対応なので，辺々 $z\bar{z}+1$ でわり，上記の方程式 (4.8) に代入すると，

$$a\xi - b\eta + c\zeta + d = 0$$

となる．この式は (ξ,η,ζ) 空間内の平面の方程式で，この平面の原点からの距離は命題 2.6 から

$$\frac{|d|}{\sqrt{a^2+b^2+c^2}} < 1$$

である．したがって，この平面はリーマン球面 Σ と 2 点以上で交わり，その切り口は円となる． □

この定理とガウス平面上の円円対応の (定理 4.3) から，以下の定理が成り立つ．

定理 4.5 1 次関数によって，リーマン球面上の円は円に写される．

4.6 代数学の基本定理

この節では，複素数の大切な性質の 1 つである**代数学の基本定理**について解説する．代数学の基本定理といっても，ここで与える証明は，複素数や連続関数の性質が大きな役割を果たしている点に注意しよう．まず，証明に必要な補題から準備する．

補題 4.1 $f(z) = z^n + a_1 z^{n-1} + \cdots + a_n$ は複素係数の多項式とする．z の絶対値 $|z|$ が大きくなるとき，z の偏角によらず

$$\lim_{|z| \to \infty} \left| \frac{f(z)}{z^n} \right| = 1$$

を満たす．

証明 $z \neq 0$ とすると，不等式

$$\left(1 + \frac{|a_1|}{|z|} + \cdots + \frac{|a_1|}{|z^{n-1}|} + \cdots + \frac{|a_n|}{|z^n|} \right)$$
$$\geq \frac{|z^n + a_1 z^{n-1} + \cdots + a_n|}{|z^n|} \quad \left(= \left| \frac{f(z)}{z^n} \right| \right)$$
$$\geq \left(1 - \frac{|a_1|}{|z|} - \cdots - \frac{|a_n|}{|z^n|} \right).$$

を得る．$|z|$ の値を大きくすると，$|a_k|/|z^k|$ $(k = 1, \cdots, n)$ は z の偏角によらず 0 に近づく．したがって

$$\lim_{n \to \infty} \left(1 + \frac{|a_1|}{|z|} + \cdots + \frac{|a_n|}{|z^n|} \right) = \lim_{n \to \infty} \left(1 - \frac{|a_1|}{|z|} - \cdots - \frac{|a_n|}{|z^n|} \right) = 1$$

であるから

$$\lim_{|z| \to \infty} \left| \frac{f(z)}{z^n} \right| = 1$$

を得る． □

補題 4.2 R は正の実数とする．$|z| \leq R$ の範囲で $|f(z)|$ の最小値は必ず存在する．

証明 この補題を厳密に証明するのは難しい．詳しいことは，本シリーズ第 2

巻『微分積分』第 9 章にゆずるが，大雑把にいうと，「閉区間 $[a, b]$ 上の連続関数は，最大値・最小値をこの区間内でとる」という主張の 2 次元版が成立するということにほかならない． □

次の補題は，代数学の基本定理の証明で中心的な役割を果たす．

補題 4.3 $f(z)$ はこれまでと同様とする．$f(z)$ が $z = \alpha$ で $f(\alpha) \neq 0$ を満たしたとする．このとき，α の十分近くには $|f(z)| < |f(\alpha)|$ を満たす点が存在する．

証明 $z = \alpha + h$ (h は絶対値が十分に小さい複素数) とおいて $f(z)$ に代入し h について昇ベキの順に表わすと

$$f(\alpha + h) = f(\alpha) + c_1 h^1 + \cdots + c_n h^n,$$

と表わせる．ここで，h のベキの係数 c_i で 0 でない最初のものを c_k とおくと，右辺は

$$f(\alpha) + c_k h^k + \cdots + c_n h^n$$

となる．これを

$$c_k h^k + c_k h^{k+1} A, \quad A = \frac{1}{c_k}\left(c_{k+1} + \cdots + c_n h^{n-k-1}\right)$$

と書き直すと，

$$f(\alpha + h) = f(\alpha) + c_k h^k + c_k A h^{k+1} \tag{$*$}$$

を得る．ここで，$|h|$ は十分小さく選んでいるので，$|c_k A h^{k+1}| < |c_k h^k|$ が満たされるとしてよいことに注意する．$(*)$ の右辺を複素平面のベクトルで表わしてみると，図 4.5 のようになる．ここで，ベクトル $\overrightarrow{OP}$，$\overrightarrow{PQ}$，$\overrightarrow{QR}$ はそれぞれ複素数 $f(\alpha)$，$c_k h^k$，$c_k A h^{k+1}$ に対応しているものとする．$|h|$ を一定に保ったまま，h の偏角を動かすと，Q は P を中心とした半径 $|c_k h^k|$ の円周上を動くことが分かる．そこで，Q が OP 上にあり，かつ，$\overrightarrow{PQ}$ が $\overrightarrow{OP}$ の反対の向きになるように h の偏角を選ぶ (図 4.6)．

$|c_k A h^{k+1}| < |c_k h^k|$ より，$|OR| < |OP|$ を満たす．これは図 4.6 の h を用いて $z = \alpha + h$ とおくと，$|f(z)| < |f(\alpha)|$ が成立していることを意味する． □

代数学の基本定理の証明に進む前にその主張をきちんと述べておこう．

図 4.5

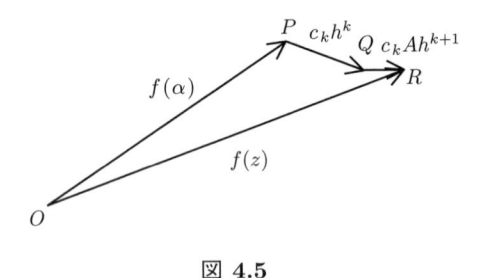

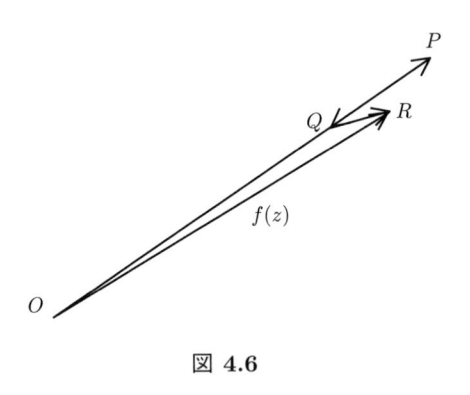

図 4.6

定理 4.6 (代数学の基本定理) $f(z)$ はこれまでと同様とする．方程式 $f(z) = 0$ は少なくとも 1 つの複素数解を持つ．

証明 複素数 α をとって，$f(\alpha) = 0$ ならば，この α がもとめるべき複素数解である．そこで，$f(\alpha) \neq 0$ と仮定する．補題 4.1 より，$|z|$ の値が大きいときは，$|f(z)|$ の値は $|z|^n$ の値に近いとみなしてよい．したがって，正の実数 R を大きくとり，$|z| \geq R$ では $|f(z)| > |f(\alpha)|$ が成立しているとしてよい．一方，補題 4.2 から $|f(z)|$ は $|z| \leq R$ の範囲で最小値をとる．この最小値をとるときの z の値を β とすれば，$|z| = R$ 上では $|f(z)| > |f(\alpha)| \geq |f(\beta)|$ であるから，$|\beta| < R$ である．ゆえに，β に十分近い複素数はすべて絶対値が R より小さいとしてよい．この β が $f(\beta) = 0$ を満たせば，代数学の基本定理が従う．そこで，$f(\beta) \neq 0$ とする．すると，補題 4.3 より，β に近い複素数 γ で，$|f(\gamma)| < |f(\beta)|$ を満たすものが存在する．γ は β に十分近いとしているので，$|\gamma| < R$ としてよい．これは $|z| \leq R$ の範囲では，$|f(\beta)|$ が最小値であるということに矛盾する．ゆえに，$f(\beta) = 0$ でなければならない．すなわち，代数学の基本定理が導かれた． □

代数学の基本定理の系として次の事実がただちに従う.

系 4.1 複素数を係数とする 0 でない多項式
$$z^n + a_1 z^{n-1} + \cdots + a_{n-1} z + a_n,$$
は 1 次式の積
$$(z - \alpha_1) \cdots (z - \alpha_n) \quad (\alpha_i \text{ は複素数})$$
に分解する.

証明 次数 n に関する帰納法を用いると簡単に証明できる. □

第 5 章

整数と多項式

　整数と 1 変数の多項式はまったく異なるものでありながら，共通な性質が多い．本章では，さまざまな共通な性質を洗い直して，大学で学ぶ代数学へ向けた第一歩としたい．

5.1 整数

　自然数

$$1, 2, 3, 4, \cdots$$

と，これに 0 と負の数を付け加えた整数

$$0, \pm 1, \pm 2, \pm 3, \cdots$$

に関する性質を調べることから始めよう．本書では自然数全体の集合を $\mathbb{N}$，整数全体の集合を $\mathbb{Z}$ で表わす．集合 $\mathbb{N}$, $\mathbb{Z}$ に共通な性質は

「$\mathbb{N}$, $\mathbb{Z}$ 共にたし算およびかけ算ができて，計算結果がもとの集合に含まれていること」

である．厳密な言い回しでは，$\mathbb{N}$, $\mathbb{Z}$ は和と積に関して閉じているという．さらに，$\mathbb{Z}$ は引き算に関してもその結果が $\mathbb{Z}$ に含まれているので差についても閉じている．ただし，「割り算」に関しては $\mathbb{N}$ も $\mathbb{Z}$ もその結果がもとの集合に含まれているとは限らない．ここから「割り切れる」，「約数」，「倍数」という概念が登場する．まずこれらの定義からはじめよう．

　定義 5.1（i）　a, b は整数とする．

$$a = bc$$

を満たす整数 c が存在するとき，b は a の**約数**である，a は b の**倍数**であるという．さらに，a は b で**割り切れる**，b は a を**割る**という．

（ii） 整数 a, b, c (a, b のどちらかは 0 でない) に対して，c が a, b 両方の約数になっているとき，**公約数**という．a, b の公約数の中で最大のものを**最大公約数** (greatest common divisor，略して GCD) という．a, b の最大公約数を $\gcd(a, b)$ または単に (a, b) 等で表わす．

（iii） 整数 a, b, c に対して，c が a, b 両方の倍数になっているとき，**公倍数**という．a, b の正の公倍数の中で最小のものを**最小公倍数** (least common multiple, 略して LCM) という．a, b の最小公倍数を $\mathrm{lcm}(a, b)$ で表わす．

（iv） 整数 a, b に対して，その最大公約数が 1 のとき，a, b は**互いに素**であるという．

b が，a の約数なら $a = (-b)(-c)$ であるから $-b$ も約数である．そこで，これ以降は約数といえば特に断らないかぎり，正の約数のみを考えることとする．

定義 5.2（i） 自然数 a に対し，1 と a 以外の約数を**真の約数**という．

（ii） 1 でない自然数 p に対し，約数が 1 と p 自身しかない (真の約数を持たない) とき，つまり，約数の個数が 2 であるとき，p を**素数**という．

（iii） 1 でも素数でもない自然数を**合成数**という．

注意 5.1（1） 定義から，整数 a, b, c について，b が a の約数，c が b の約数なら，c は a の約数である．

（2） 1 は素数ではないことに注意する．

約数や倍数の性質に関する問題を考えるとき，素数は重要な役割を果たす．その理由は次の定理が成り立つからである．

定理 5.1 n は 1 でない自然数とする．n は素数の積に分解できる．さらに，分解に現れる素数の順序を無視すると，その分解の仕方はただ一通りである[1]．

定理 5.1 の主張を少し詳しく説明しよう．まず，前半は 1 でない自然数 n が

$$n = p_1 p_2 p_3 \cdots p_r \qquad (p_i \text{ は素数}, \ i = 1, \cdots, r)$$

---

[1] 符号の違いを除けば $0, \pm 1$ でない整数についても同様な性質が成り立つ．

と表わせることを意味している．後半の意味は，他の素数の積への分解を

$$n = q_1 q_2 q_3 \cdots q_s \quad (q_j \text{ は素数}, j = 1, \cdots, s)$$

とすると，$r = s$ であり，q_i の添字の順番をうまく付け替えると $p_i = q_i, i = 1, \cdots, r$ とできる，ということである．定理 5.1 は，当たり前のように思えるし，また，そのように用いているかもしれない．しかし，これは**証明すべきこと**なのである．

証明 ここではツェルメロ (Zermelo) による数学的帰納法を用いた証明を紹介する．ただし，「高校の数学の教科書にある数学的帰納法」とは少し違って見えるかもしれない．大学の数学では，こうした数学的帰納法はよく登場するので慣れてしまうことが大切である．なお，n が素数のときは，定理 5.1 は正しいことに注意しよう．

第一段 2, 3 は素数であるから，定理 5.1 は正しい．また，最小の合成数 4 については，

$$4 = 2 \cdot 2$$

であるから，この場合も定理 5.1 は正しい．

第二段 k 以下の素数および合成数に関して，定理 5.1 が正しいと仮定する．

$k+1$ が **素数の積へ分解できること**．$k+1$ が素数なら，定理 5.1 は正しい．$k+1$ が合成数のとき，

$$k+1 = ab,$$

a, b は $k+1$ の真の約数と表わせる．$1 < a, b < k$ なので，帰納法の仮定より，a, b はともに素数の積へ分解できる．したがって，$k+1$ も素数の積へ分解できることが証明された．

$k+1$ が **素数の積へ分解の仕方が順番を無視すればただ一通りであること**．$k+1$ が素数なら正しい．そこで，$k+1$ が合成数であるときを考える．

$$k+1 = p_1 p_2 \cdots p_r$$
$$= q_1 q_2 \cdots q_s$$

と 2 種類の分解があったとする．ただし，p_i, p_j はすべて素数で，重複があってもよいものとする．

ケース 1. q_1 が $p_1, \cdots, p_r$ のいずれかと一致するとき．例えば，q_1 と p_1 と一致したとする．すると，p_1 で割って，

$$\frac{k+1}{p_1} = p_2 p_3 \cdots p_r = q_2 q_3 \cdots q_s$$

を得る．$p_2 \cdots p_r < k+1$ であるから，帰納法の仮定から $r = s$ であり，$q_2, \cdots, q_s$ の添字の順序を付け替えると，$p_2, \cdots, p_r$ と $q_2, \cdots, q_s$ は一致する．つまり，分解の仕方は一通りであることが分かる．

ケース 2. q_1 が，$p_1, \cdots, p_r$ のいずれとも一致しないとき．このとき，$p_1 \neq q_1$ である．一般性を失うことなく，$p_1 > q_1$ としていよい ($q_1 < p_1$ なら，以下の議論で p_1 と q_1 を入れ換えて行えばよい)．すると，

$$(k+1) - q_1(p_2 \cdots p_r) = p_1 p_2 \cdots p_r - q_1(p_2 \cdots p_r)$$
$$= q_1 q_2 \cdots q_s - q_1(p_2 \cdots p_r)$$

から

$$(p_1 - q_1)(p_2 \cdots p_r) = q_1(q_2 \cdots q_s - p_2 \cdots p_r)$$

を得る．$0 < (p_1 - q_1)(p_2 \cdots p_r) < k+1$ であるから，帰納法の仮定により $(p_1 - q_1)(p_2 \cdots p_r)$ に対しては定理 5.1 は成立する．ゆえに $(p_1 - q_1)(p_2 \cdots p_r)$ の素数の積への分解に現れる素数は順序を無視すれば一通りに定まる．仮定により，q_1 は $p_2, \cdots, p_r$ とは異なるから $p_1 - q_1$ の素数の積への分解に現れる素数の 1 つに一致せねばならない．つまり，$p_1 - q_1$ は q_1 で割り切れる．ゆえに $p_1 - q_1 = cq_1$ (c は自然数) と表わせるので，$p_1 = (c+1)q_1$ と書けるが，これは p_1 が素数ということに反する．したがって，ケース 2 は起こらない． □

定義 5.3 定理 5.1 の主張にあるような n を素数の積に分解したものを n の**素因数分解**という．

系 5.1 n の約数となる素数は素因数分解に現れる素数のみである．

証明 n が p で割り切れるとき，$n = n_1 p$ (n_1 は自然数) と表わせるので p は素因数分解に現れる素数の 1 つに一致する． □

これ以降，n の素因数分解を重複した素数をまとめて

$$n = p_1^{e_1} \cdots p_t^{e_t} \quad (p_1, \cdots, p_t \text{ は相異なる素数})$$

と表わすことにする．

定理 5.1 は約数や倍数の性質を調べるうえで有用である．その例を述べよう．

例 5.1 自然数 n について，n^2 が素数 p で割り切れるならば n も p で割り切れる．実際，n の素因数分解を $n = p_1^{e_1} \cdots p_r^{e_t}$ とおくと，

$$n^2 = p_1^{2e_1} \cdots p_r^{2e_t}$$

である．したがって，n を割る素数と n^2 を割る素数は一致する．

例 5.1 の応用として，次の例を考えよう．

例 5.2 素数 p の正の平方根 $\sqrt{p}$ は無理数である．この主張は「$\sqrt{2}$ が無理数である」という主張の証明とほぼ同様に背理法を用いて証明される．$\sqrt{p}$ が有理数と仮定すると，

$$\sqrt{p} = \frac{m}{n},$$

$\gcd(m, n) = 1$ と表わされ，これから

$$pn^2 = m^2$$

を得る．したがって，m^2 が p で割り切れることが分かる．すると，例 5.1 から，m が p で割り切れる．そこで，$m = m_1 p$ とおいて，代入すると，

$$pn^2 = m_1^2 p^2,$$

したがって，$n^2 = m_1^2 p$ を得る．再び，例 5.1 を用いると，n が p で割り切れることになるが，これは p が m と n の公約数であることを意味しており，m, n の取り方に矛盾する．

定理 5.1 の応用として，その他にも約数・公倍数に関するさまざまな性質を導くことができる．

命題 5.1 a, b は自然数，p は素数とする．p が積 ab を割り切るとき，p は a または b を割り切る[2]．

---

[2] 後で述べる命題 5.4 から，この性質を導いて，素因数分解の一意性の証明をすることも

証明 ab は p で割り切れるから，

$$ab = pc \quad (c \text{ は整数})$$

と書ける．ここで，a, b の素因数分解を

$$a = p_1^{e_1} \cdots p_r^{e_r}, \qquad b = q_1^{f_1} \cdots q_s^{f_s}$$

とおくと，

$$pc = p_1^{e_1} \cdots p_r^{e_r} q_1^{f_1} \cdots q_s^{f_s}$$

を得る．定理 5.1 より，$p_1, \cdots, p_r, q_1, \cdots, q_s$ のうちに p が現れる．これは，a または b が p で割り切れることを意味する． □

命題 5.2 自然数 a が $a = p_1^{e_1} \cdots p_r^{e_r}$ と素因数分解されたとする．このとき，a の約数 b の素因数分解は

$$b = p_1^{f_1} \cdots p_r^{f_r}, \quad 0 \leq f_i \leq q_i \quad (i = 1, \cdots, r)$$

の形で得られる．特に，a の約数の個数は $(e_1 + 1) \cdots (e_r + 1)$ である．

証明 b の素因数分解に現れる素数を任意に選んで，q とおき，b の素因数分解での指数を c とおく (すなわち，q^c は b の約数であるが，q^{c+1} は b の約数ではない)．すると，q^c は a の約数でもあるので q は $p_1, \cdots, p_r$ のいずれかに一致する．$q = p_i$ とすると，q^c が $p_i^{e_i}$ を割り切るので $c \leq e_i$ となる．これから上の主張が従う． □

さらに，定理 5.1 を用いて最大公約数や最小公倍数を求めることもできる．

例 5.3 a, b は自然数とする．a, b の素因素分解の少なくとも一方に現れる素数を $p_1, \cdots, p_r$ とおき，

$$a = p_1^{e_1} \cdots p_r^{e_r}, \qquad b = p_1^{f_1} \cdots p_r^{f_r}$$

とおく．ただし，p_i が素因数分解に現れない場合は指数 e_i, f_i は 0 であるものとする．p_i の取り方より $\max\{e_i, f_i\} \geq 1$ である．$l_i = \min\{e_i, f_i\}$ $(i = 1, \cdots, r)$,

---

ある．

$m_i = \max\{e_i, f_i\}$ $(i = 1, \cdots, r)$ とおく. すると, $p_1^{l_1} \cdots p_r^{l_r}$ および $p_1^{m_1} \cdots p_r^{m_r}$ はそれぞれ $\gcd(a,b), \mathrm{lcm}(a,b)$ となることが分かる (確かめよ！). これらの公式を用いると, $ab = (a,b\text{ の最大公約数})(a,b\text{ の最小公倍数})$ も分かる. 実際, 左辺は

$$p_1^{e_1+f_1} \cdots p_r^{e_r+f_r}$$

右辺は

$$p_1^{l_1+m_1} \cdots p_r^{l_r+m_r}$$

である. $e_i + f_i = \max\{e_i, f_i\} + \min\{e_i, f_i\}$ であるからこれらは等しい. また, a, b の公約数は $\gcd(a,b)$ の約数であることも分かる.

以上のように定理 5.1 は約数・倍数の性質を調べるのに有効である. その一方で, 桁数が大きな自然数の素因数分解を実行することは大きな手間がかかる. ただし, 最大公約数を求めることに関しては, 有効な計算法としてユークリッド (Euclid) の互除法とよばれるものが知られている. その互除法は以下に述べる割り算の原理を基礎としている.

定理 5.2 (整数の割り算原理) 任意の整数 a と任意の自然数 b に対して,

$$a = qb + r \quad (0 \leq r < b)$$

を満たす整数 q と r がただ一組存在する (r を割り算の余りとよぶ).

証明 はじめに, 定理 5.2 の条件を満たす q, r が存在することを示す. 半開区間 $[kb, (k+1)b)$ $(k \in \mathbb{Z})$ を用いて, $\mathbb{Z}$ をブロック分けする. これらのブロックに含まれる整数に重複はない. したがって a を含むブロックがただ 1 つ存在する. そのブロックを $[qb, (q+1)b)$ とおくと $0 \leq a - qb < b$ を満たす. したがって, $r = q - qb$ とおくと, q, r は定理 5.2 の条件を満たす. 続いて, "ただ一組" という部分を証明する. "あるもの" がただ 1 つ存在することを示すには, "任意に選んだものが, 特別に選んだものに一致すること" または, "任意に 2 つ選んだものが一致すること" をいえばよいことに注意する. q', r' が定理 5.2 の条件を満たす任意の整数のペアとする. すると,

$$q'b + r' = qb + r.$$

ゆえに，
$$b(q' - q) = r - r'$$
を得る．ところが，$0 \leq r, r' < b$ より $|r - r'| < b$ であるからこの等式が成立するのは，$q = q', r = r'$ のときのみである． □

定理 5.2 を用いて，$\gcd(a,b)$ を求めることを考えよう．等式 $\gcd(a,b) = \gcd(b,r)$ に注意する．実際，$a = qb + r$ より，$\gcd(b,r)$ は a,b の公約数であることが分かり，また，$r = a - qb$ と書き直すと，$\gcd(a,b)$ は b,r の公約数であることが分かる．したがって，公約数は最大公約数の約数であることに注意すると $\gcd(a,b)$ と $\gcd(b,r)$ は互いに "相手を割り切る" という関係になるのでこれらは一致する．

さて，a,b に定理 5.2 を適用して q,r を得たあと，以下の手続きを行う．

(1) $r = 0$ ならば，b が a の約数なので，$\gcd(a,b) = b$ である．
(2) $r > 0$ のとき，b,r に定理 5.2 を適用すると，$b = q_1 r + r_1, 0 \leq r_1 < r$ を満たす q_1, r_1 を得る．いま説明したように，$\gcd(b,r) = \gcd(r, r_1)$ である．
(3) $r_1 = 0$ なら，$\gcd(b,r) = r$ である．$r_1 > 0$ なら，定理 5.2 を再び適用して，$\gcd(a,b) = \gcd(r_1, r_2), b > r > r_1 > r_2$ を満たす r_2 を得る．$r_2 > 0$ なら，同様にして，$\gcd(r_1, r_2) = \gcd(r_2, r_3), r_2 > r_3$ を満たす r_3 を得る．こうして 0 以上の整数の真の減少列 r_1, r_2, r_3 を得る．割り算の余りが 0 でない限り，この手続きは繰り返すことができる．
(4) 0 以上の整数の真の減少列は必ず有限個で停止するから，(1)–(3) で述べた手続きは必ず $r_n = 0$ という状態になり停止する．このとき，r_{n-1} が a,b の最大公約数である．

いま説明した手続きがユークリッドの互除法である．ユークリッドの互除法を利用すると，単純な割り算を繰り返すだけで最大公約数を得ることができる．素因数を探す手間が必要ないわけである．さらに，ユークリッドの互除法の手続きを逆にたどると，r_{n-1} が最大公約数で，$r_{n-2} = q_{n-1} r_{n-1}, r_{n-1} = r_{n-3} - q_{n-2} r_{n-2}, \cdots$，となっているので，$r_{n-1}$ が $ma + nb$ (m, n は整数) という形で表わされていることが分かる (m, n の算出法も同時に分かっていることにも注意しよう)．この事実から導かれる命題を 2 つ紹介しておこう．

命題 5.3 整数 a,b に対し，$\langle a,b \rangle$ を次のように定義する．

$$\langle a,b \rangle := \{ma + nb \mid m, n \in \mathbb{Z}\}$$

すなわち，a,b の整数倍を足したり引いたりして表せる整数全体である[3]．このとき，$\langle a,b \rangle$ は $\gcd(a,b)$ の倍数全体の集合と一致する．

証明 証明の前に "2 つの集合 X, Y が一致する" とはどういうことかを少し考えてみよう．X, Y が一致するのは，それぞれに含まれている元が一致することに他ならない．有限集合ならば，2 つの集合の元をすべて数え上げてこれらが一致することを確かめればよい．しかし，無限集合に対しては，すべてを数え上げることは不可能で，別の方法が必要である．一般に集合が一致するとは，$X \subseteq Y$ かつ $X \supseteq Y$ が成立することに他ならない．また，$X \subseteq Y$ をいうには，"任意の $x \in X$ に対して，$x \in Y$" を証明すればよいことに注意しておく．以上の前置きのもと，証明に入ろう．

$d = \gcd(a,b)$ とおく．d の倍数全体からなる集合を $\langle d \rangle$ で表わす．$a = a_1 d$，$b = b_1 d$ とおく．$\langle a,b \rangle$ の元を任意に 1 つ選んで α とおく．α は整数 m, n を用いて $\alpha = ma + nb$ と表わせるので

$$ma + nb = d(ma_1 + nb_1)$$

と書ける．したがって，$\alpha \in \langle d \rangle$ が分かる．α は任意だったので，$\langle a,b \rangle \subseteq \langle d \rangle$ が分かる．

次に $\langle d \rangle \subseteq \langle a,b \rangle$ を示そう．ユークリッドの互除法を用いると，d は a,b の整数倍を足しあわせて表わすことができる．すなわち，$d = m_0 a + n_0 b$ を満たす整数 m_0, n_0 が存在する．d の任意の倍数は kd (k は整数) と表わされているので，

$$kd = km_0 a + kn_0 b \in \langle a,b \rangle$$

となって $\langle d \rangle \subseteq \langle a,b \rangle$ が従う．以上より命題 5.3 が証明された． □

命題 5.3 を不定方程式の言葉で表わすと次のようになる．

系 5.2 a, b, n は整数，$d = \gcd(a,b)$ とする．x, y に関する方程式

$$ax + by = n$$

---

[3] 通常 $\langle a,b \rangle$ は (a,b) と表わすことが多い．ここでは，整数のペアの意味との混乱をさけるため，あえて別の記号を用いた．

が整数解を持つのは，n が d で割り切れるときであり，また，そのときに限る．

証明 実際，上記の方程式が解を持つということは n が $\langle a,b \rangle$ に含まれるということを意味している．一方，n が d で割り切れるということは，$n \in \langle d \rangle$ を意味するが，命題 5.3 より $\langle d \rangle = \langle a,b \rangle$ である． □

さらにユークリッドの互除法の応用として次の命題を得る．

命題 5.4 a,b,c は整数で $\gcd(a,c) = 1$ とする．このとき，c が積 ab を割り切るならば c は b の約数である．

証明 $\gcd(a,c) = 1$ であるから

$$m_0 a + n_0 c = 1$$

を満たす整数 m_0, n_0 が存在することが分かる．すると，

$$b = 1 \cdot b = (m_0 a + n_0 c)b = m_0 ab + n_0 bc$$

である．仮定から $ab = c_1 c$ と表せるので，$b = (m_0 c_1 + n_0 b)c$，すなわち b が c の倍数になっていることが分かる． □

注意 5.2 命題 5.4 は定理 5.1 を用いても導くことができる．上記の証明は定理 5.1 を仮定せず，定理 5.2 のみを根拠にしているユークリッドの互除法を用いていることに注意したい．実は，定理 5.2 から出発し，命題 5.4 を導き，これを用いて定理 5.1 を証明することも可能である．

5.2　1 変数の多項式

本節では，変数の数が 1 つの多項式について解説する．1 変数の多項式は具体的には，

$$2x + 1,\ x^2 + x,\ x^3 + x + 2$$

などである．多項式

$$f(x) = a_0 x^n + a_1 x^{n-1} + \cdots + a_{n-1} x + a_n \quad (a_0 \neq 0)$$

について，n を多項式 $f(x)$ の次数とよび，$\deg f$ で表す．$a_0 x^n$ を (次数が高い順に書き下した場合の) $f(x)$ の**先頭項**という．また，x^n を $f(x)$ の**先頭単項式**，a_0 を $f(x)$ の**先頭係数**という．記号として

$$\mathrm{LT}(f) = f \text{ の先頭項}$$

$$\mathrm{LM}(f) = f \text{ の先頭単項式}$$

$$\mathrm{LC}(f) = f \text{ の先頭係数}$$

を用いる．$\mathrm{LT}(f) = \mathrm{LC}(f)\mathrm{LM}(f)$ に注意しよう．

さて，整数同様，多項式も"足し算，引き算，かけ算"ができてその結果も再び多項式となっている．この節では他にも多くの共通な性質があることをみてゆこう．

定義 5.4 (i) 0 でない多項式 f が次数 1 以上の多項式 g, h を用いて $f = gh$ と表せるとき f は**可約**であるという．可約でないとき f は**既約**であるという．f が既約であるということの言い換えは，「$f = gh$ ならば g または h が定数」が成立することである．

(ii) 多項式 f, g に対して

$$f = gh$$

を満たす多項式が存在するとき，g は f の**約数**(**約因子**)，f は g の**倍数**という．なお，g が f の約数であるとき，g の定数倍もまた f の約数であることに注意しよう．

(iii) 多項式 h が 2 つの多項式 f, g の約数になっているとき，h を**公約数**という．多項式 f, g の公約数で次数が最大のものを**最大公約数**といい，$\gcd(f, g)$ で表わす．なお，定数倍の曖昧さをなくすため，ここでは，**最大公約数は先頭係数が 1 であるものを選ぶことにする**．

(iv) 多項式 h が 2 つの多項式 f, g の倍数になっているとき，h を**公倍数**という．多項式 f, g の公倍数で次数が最小のものを**最小公倍数**といい，$\mathrm{lcm}(f, g)$ で表わす．なお，定数倍の曖昧さをなくすため，ここでは，**最小公倍数は先頭係数が 1 であるものを選ぶことにする**．

さて，ここまで多項式の係数がどんな数か特に注意を払わずにいた．しかし，

多項式が既約かどうかは係数をどのような数の範囲で考えるかによって状況が変わってくる．

例 5.4 多項式 $x^2 - 2$ は係数を有理数に限った多項式の範囲では既約である．実際,
$$x^2 - 2 = (ax+b)(cx+d) \quad (a,b,c,d \text{ は有理数})$$
と分解したとする．x に $-b/a$ という有理数を代入すると，右辺は 0 になる．これは，$(-b/a)^2 = 2$，つまり $\sqrt{2}$ が有理数であることを意味するので矛盾である．
一方，係数を実数の範囲まで広げて考えると
$$x^2 - 2 = (x - \sqrt{2})(x + \sqrt{2})$$
と分解するので，$x^2 - 2$ は可約である．

例 5.4 でみたように，多項式が既約かそれとも可約かという問題は，多項式の係数をどの範囲で考えるかに依存する．実際，次の事実が成立する[4]．

- 係数を有理数全体 $\mathbb{Q}$ の範囲だけで考えると，任意次数の既約多項式が存在する．
- 係数を実数全体 $\mathbb{R}$ の範囲まで拡げて考えると，既約な多項式は 2 次以下である．
- 係数を複素数全体 $\mathbb{C}$ の範囲まで拡げて考えると，既約な多項式は 1 次式のみである．これは，代数学の基本定理からの帰結である．

問 5.1 係数が $\mathbb{R}$ の既約な多項式 $f(x)$ は 2 次以下であることを以下の順序で確かめよ．
(i) 複素数 α に対し，その複素共役を $\overline{\alpha}$ で表すとき，$\overline{f(\alpha)} = f(\overline{\alpha})$ を示せ．
(ii) α は実数でない複素数とする．$x^2 - (\alpha + \overline{\alpha})x + \alpha\overline{\alpha}$ は実数係数の多項式であることを示せ．
(iii) $f(x)$ が実数でない複素数 α に対し，$f(\alpha) = 0$ を満たせば，$f(x)$ は $x^2 - $

---

[4] 多項式の因数分解を既約多項式の積への分解ととらえると，係数をどの範囲で考えるかによって答が異なることに注意しよう．ただし，高校までの数学で因数分解について考えるときは，暗黙のうちに係数を有理数に限っているようである．

$(\alpha + \overline{\alpha})x + \alpha\overline{\alpha}$ で割り切れることを示せ (以下の定理 5.3 を利用する).

(iv)　$f(x)$ の次数は 2 以下であることを示せ.

以下集合 K は $\mathbb{Q}, \mathbb{R}, \mathbb{C}$ のいずれかを表すものとし，係数が K の元である多項式全体の集合を $K[x]$ で表す．$\mathbb{Z}$ 同様，$K[x]$ においても次の定理が成立する．

定理 5.3　g は $K[x]$ の 0 でない元とする．$K[x]$ の任意の元 f は以下のような形に一意的に表わせる：

$$f = qg + r \qquad (q, r \in K[x])$$

ただし，r は 0，または，$\deg r < \deg g$ を満たす 0 でない多項式である．

証明　q, r が存在することの証明は "多項式の割り算と余り" の計算に他ならない．念のため，その証明を書いておこう．以下のようなアルゴリズムを考える：

インプット：　**f,g**
アウトプット：**q,r**
スタート：　　**q:= 0; r:= f**
手続き：
    1.「$r \neq 0$ かつ $\mathrm{LT}(g)$ が $\mathrm{LT}(r)$ を割る」が成立すれば 2 へ．そうでなければ 3 へ．
    2. q を $q + \dfrac{\mathrm{LT}(r)}{\mathrm{LT}(g)}$, r を $r - \dfrac{\mathrm{LT}(r)}{\mathrm{LT}(g)}$ と書き直して 1 へ．
    3. この段階での q, r を最終結果として出力する．

このアルゴリズムが停止することを確かめるには 3 の状態に必ず到達する，すなわち，1 の条件が成立しなくなる状態が有限回の繰り返しのあと現れるということである．"$r \neq 0$ かつ $\mathrm{LT}(g)$ が $\mathrm{LT}(r)$ をわる" の否定は "r が 0 である，または，$\mathrm{LT}(g)$ が $\mathrm{LT}(r)$ を割り切らない (すなわち，$\deg(g) > \deg(r)$)" である．さて，2 のステップが起きたとき

$$\begin{aligned}f &= 0 \cdot g + f \\ &= \frac{\mathrm{LT}(r)}{\mathrm{LT}(g)} \cdot g + \frac{f - \mathrm{LT}(r)}{\mathrm{LT}(g) \cdot g}\end{aligned}$$

に注意すると，アルゴリズムの各段階で，$f = qg + r$ という等式が成立している．また2のステップが起きると $\deg r$ が必ず下がることに注意しよう．すると $\deg r$ は自然数であるから有限回の繰り返しのあと，r が 0 になるか，$\deg r < \deg g$ が成立する．これは上記アルゴリズムが有限回の繰り返しの後停止し，そのときの出力 q, r がしかるべき条件を満たしていることを示している．これで q, r の存在が分かった．

次に q, r が一意的であることを証明しよう．定理の条件を満たす q, r が二通りあったとし，これらを (q_1, r_1), (q_2, r_2) とおく．すると

$$f = q_1 g + r_1 = q_2 g + r_2$$

であるから

$$(q_1 - q_2)g = r_2 - r_1$$

を得る．両辺の次数を比較すると，もし，$q_1 \neq q_2$ ならば，両辺とも 0 でない多項式で，左辺の次数は $\deg g$ 以上となるが，右辺は次数 $< \deg g$ となって矛盾する．したがって $q_1 = q_2, r_1 = r_2$ でなければならない． □

系 5.3 (**因数定理**) $K[x]$ の元 $f(x)$ が K の元 α に対して $f(\alpha) = 0$ を満たせば，$f(x) = (x - \alpha)q$ $(q \in K[x])$ と書ける．

証明 定理 5.3 を $g = x - \alpha$ に適用して，

$$f = q(x - \alpha) + r \quad (r \text{ は定数})$$

となる．$x = \alpha$ を代入すると，$r = 0$ となって系 5.3 を得る． □

定理 5.3 を用いると整数のときと同様，与えられた多項式 f, g の最大公約数をユークリッドの互除法を用いて求めることができる．

例 5.5 $x^3 + x + 1$ と $x^2 + 1$ の最大公約数を求めてみよう．定理 5.3 を適用して

$$x^3 + x + 1 = x(x^2 + 1) + 1$$

これを書き直すと

$$1 = (x^3 + x + 1) - x(x^2 + 1)$$

を得る．$x^3 + x + 1$ と $x^2 + 1$ の公約数は右辺を割り切る．ゆえに，最大公約数は 1 の約数，つまり，1 である[5]．

さらに，ユークリッドの互除法を用いると f, g の最大公約数 $\gcd(f, g)$ に関して，

$$\gcd(f, g) = A_0 f + B_0 g$$

を満たす $A_0, B_0 \in K[x]$ が存在することも分かる．これから，命題 5.3 同様，次の命題が証明できる．

命題 5.5 f と g の最大公約数を $\gcd(f, g)$ とし，

$$\langle f, g \rangle := \{Af + Bg \mid A, B \in K[x]\}$$

とおく．このとき，$\langle f, g \rangle$ は $\gcd(f, g)$ の倍数全体と一致する．

証明は，命題 5.3 のときの証明に現れた "整数" を "多項式" に置き換えればよい．詳しくは読者の演習問題としよう．

問 5.2 命題 5.5 を証明せよ．

整数に関する命題 5.4 と同様，次の命題が証明できる．

命題 5.6 f は $K[x]$ の既約多項式とする．このとき，f が gh を割り切れば，f は g または h の少なくとも一方を割り切る．

証明 命題 5.4 の証明の繰り返しになるけれども，$\mathbb{Z}$ と $K[x]$ の "類似" を確かめるため，証明をしておこう．

g が f で割り切れないとする．このとき，$\gcd(f, g)$ の次数は $\deg f$ より小さくなる．f は既約なので，f は次数が 1 以上の約数を持たない．ゆえに $\gcd(f, g) = 1$ である．すると，$Af + Bg = 1$ を満たす $K[x]$ の元 A, B が存在する．したがって

$$h = 1 \cdot h = (Af + Bg)h = Afh + Bgh.$$

---

[5] ここでは，1 は 0 次の多項式としてみている．

ここで, gh は f で割り切れるので $gh = Cf, C \in K[x]$ と表わせる. ゆえに

$$h = Afh + BCf = (Ah + BC)f$$

となる. これは h が f で割り切れることを意味している. □

命題 5.6 を用いると, 多項式版の "素因数分解の存在と一意性" が証明できる. 前節で述べたように, 同じ論法で定理 5.1 の整数版も証明できることに注意しておく. 実際, 以下の証明で "多項式" の部分を "整数" と置き換えて考えるだけである.

定理 5.4 $K[x]$ の 1 次以上の任意の多項式 f は

$$f = p_1^{m_1} \cdots p_r^{m_r} \quad (p_i \text{ は既約多項式}, e_i \text{ は自然数})$$

と既約多項式の積で表わせる. さらに, 定数倍や添字の順番を無視すれば, この分解の仕方は一意的である. すなわち,

$$f = q_1^{n_1} \cdots q_s^{n_s}$$

と分解されたとすると, $r = s$ であり, 添字の付け替えや定数倍をうまく行えば $q_i = p_i, n_i = m_i \, (i = 1, \cdots, r)$ とできる.

証明 (分解の可能性の証明) $\deg f$ に関する帰納法で証明する. $\deg f = 1$ のとき. このとき, f は 1 次式であり, 定義から既約である. $\deg f$ が $n-1$ 以下のとき, 既約多項式の積で表わせると仮定する. $\deg f$ が n のとき, f が既約なら主張は正しい. f が既約でないなら, $f = gh$, g, h は 1 次以上の多項式の積と表わせる. g, h の次数はともに $n-1$ 以下であるから, g, h は既約多項式の積で表わせる. すなわち, f が既約多項式の積で表わせる.

(分解の一意性の証明) この証明も $\deg f$ に関する帰納法で証明する. $\deg f = 1$ の場合は主張は正しい. $\deg f$ が $n-1$ 以下で分解の一意性に関する主張が正しいとする. $\deg f = n$ のときを考えよう. f が二通りの積

$$f = p_1^{m_1} \cdots p_r^{m_r} = q_1^{n_1} \cdots q_s^{n_s}$$

に分解できたとしよう. p_1 は既約多項式であるから, 命題 5.6 を $q_1^{n_1}$ と $q_2^{n_2} \cdots q_s^{n_s}$ に適用すると, いずれか一方が p_1 で割り切れる. もし, $q_1^{n_1}$ が p_1 で割り切れな

いとする．すると p_1 は後者を割り切る．再び命題 5.6 を $q_2^{n_2}$ と $q_3^{n_3}\cdots q_s^{n_s}$ に適用するといずれか一方が p_1 で割り切れる．$q_2^{n_2}$ が p_1 で割り切れないとすると，p_1 は $q_3^{n_3}\cdots q_s^{n_s}$ を割り切らねばならない．以下同様に議論を繰り返すと，p_1 で割り切れる $q_i^{n_i}$ が必ず現れる．さらに命題 5.6 を $q_i, q_i^{n_i-1}$ に適用すると，p_1 が q_i を割り切ることが分かる．p_i, q_j はすべて既約なので，$q_1,\cdots,q_s$ のいずれかが，定数倍を除いて p_1 と一致することが分かる．そこで添字の付け替え，定数倍をうまく行って，$q_1 = p_1$ としてよい．f を p_1 で割ったものを f_1 とおくと，

$$f_1 = p_1^{m_1-1}\cdots p_r^{m_r} = q_1^{n_1-1}\cdots q_s^{n_s}$$

を得る．このとき，f_1 の次数は $n-1$ 以下であるから，添字の付け替えや定数倍をうまく行えば $q_1 = p_1, n_1 - 1 = m_1 - 1, q_i = p_i, n_i = m_i (i = 2,\cdots,r)$ が成立する．したがって，一意性の主張が成立する．　　□

　定理 5.4 の証明で，多項式の箇所を "整数"，多項式の次数を "整数の絶対値"，多項式の定数倍を "±1 倍" で置き換えると，そのままそっくり，定理 5.1 の整数バージョンの証明になっていることに注意しよう．抽象的な代数学では，"記号" の意味を置き替えるだけで，同じ証明がさまざまな場合に適用できることが多い．これはその例であり，1 つの考え方で同時に複数のことが処理できるという抽象代数学の威力を示している．

　この章でみてきた整数や 1 変数の多項式の性質の多くは**ユークリッド整域**とよばれる世界でそのまま成立する．

第 6 章

多変数の多項式と対称式

多変数の多項式では 1 変数の多項式と共通な性質がある一方で，1 変数のときには起こりえない性質も持つことを学んでほしい．また，対称式の考え方は方程式の解の公式を統一的に考えるときに大切なだけではなく，計算機代数とよばれる分野の基礎となる考え方も含んでいる．

6.1 多変数の多項式

前章の第 2 節では変数の数が 1 つである多項式について考察した．本章では，変数の数が 2 つ以上ある多項式について考察しよう．ここでも多項式の係数は $\mathbb{Q}, \mathbb{R}, \mathbb{C}$ のいずれかであるとし，これらをまとめて K で表わすことにする．読者は，適宜，係数はこれらの数を表わしていると了解されたい．また，変数は x, y, z を用いるが，4 つ以上の変数が必要になった場合は，$x_1, x_2, x_3, x_4, \cdots$ のように下付きの添字を用いることにする．記号も前章同様，$K[x, y], K[x, y, z], K[x_1, x_2, x_3, x_4]$ 等は，それぞれ K を係数とし，[ ] の中の文字を変数とする多項式全体の集合を表わすものとする．ここでは，主に $K[x, y, z]$ を例にとって説明するが，特に断らない限り変数の数が増えても同様な事実が成立すると考えてほしい．また，$K[x, y]$ は $K[x, y, z]$ に含まれていることに注意しよう．

$K[x, y, z]$ の元 $x^l y^m z^n$ を単項式といい，$l+m+n$ を次数とよぶ．また，l, m, n をそれぞれ x に関する次数，y に関する次数，z に関する次数とよぶ．$K[x, y, z]$ の元を一般的に，

$$f(x, y, z) = \sum_{l, m, n} a_{lmn} x^l y^m z^n$$

と表わす．ここで，a_{lmn} は単項式 $x^l y^m z^n$ の係数を表わす．なお，$\sum$ の下にある l, m, n は "これらの数が有限個の組み合わせを動き，$\sum$ はこれらを足し合わ

せること"を意味している．$\sum_{i=1}^{n}$ という表現は，i の動く範囲は 1 から n までで，これらに関して足し合わせるという意味である．上記の書き方では，足し合わせの範囲が明記されているか，いないか，の違いと理解して欲しい．例えば，1 変数の多項式でも $\sum_{i} a_i x^i$ と表わすこともある．f の次数 $\deg f$ は，f に現れる単項式でもっとも次数の高いものを意味する．例えば，

$$x^3 + y^3 + z^3 - 3xyz$$

は 3 次式である．

注意 6.1 1 変数の多項式と異なり，多変数の多項式では，f の次数は自然に定まるが，"最高次の項" はただ 1 つに定まらない．例えば，上の例では，各項はすべて 3 次である．"最高次の項" が一意的に定まるようにするには，後の 6.4 節で導入するような何らかの "順序"（大小関係）を導入する必要がある．多変数の多項式で "割り算" の考えを導入する際には "順序" は重要な概念である．

多変数の多項式間には 1 変数のときのような割り算は自然には定義できないが，既約な多項式や，因数分解は考えることができる．例えば，係数が $\mathbb{Q}$ の範囲では

$$x^3 - y^3 = (x-y)(x^2 + xy + y^2),$$
$$x^3 + y^3 + z^3 - 3xyz = (x+y+z)(x^2 + y^2 + z^2 - xy - yz - xz)$$

の因数分解はおなじみだろう．これらの多項式は係数が $\mathbb{C}$ の範囲では，それぞれ

$$(x-y)(x-\omega y)(x-\omega y),$$
$$(x+y+z)(x+\omega y + \omega^2 z)(x + \omega^2 y + \omega z),$$

ただし，ω は複素数 $(-1+\sqrt{-3})/2$ とする[1]，と因数分解される．係数の範囲で因数分解の様子が変わるのも 1 変数のときと同様である．

定義 6.1 f は $K[x,y,z]$ の元とする．

(i) f が $f = gh$, $\deg g, \deg h \geq 1$ と表わせるとき，f は **可約** であるという．f が可約でないとき，**既約** であるという．

---

[1] $\omega^3 = 1$ に注意すること．

(ii) 多項式 $f, g \in K[x, y, z]$ に対して

$$f = gh$$

を満たす多項式 h が存在するとき，g は f の**約数** (**約因子**)，f は g の**倍数**という．

(iii) 多項式 h が 2 つの多項式 f, g の約数になっているとき，h を**公約数**という．

(iv) 多項式 h が 2 つの多項式 f, g の倍数になっているとき，h を**公倍数**という．

1 変数のときと同様，次の定理も成立する (証明は省略する)：

定理 6.1 $K[x, y, z]$ の 1 次以上の任意の多項式 f は

$$f = p_1^{m_1} \cdots p_r^{m_r} \qquad (p_i \text{ は既約多項式}, e_i \text{ は自然数})$$

と既約多項式の積で表わせる．さらに，定数倍や添字の順番を無視すれば，この分解の仕方は一意的である．すなわち，

$$f = q_1^{n_1} \cdots q_s^{n_s}$$

と分解されたとすると，$r = s$ であり，添字の付け替えや定数倍をうまく行えば $q_i = p_i, n_i = m_i, (i = 1, \cdots, r)$ とできる．

このように 1 変数の多項式と多変数の多項式の間には類似の性質が多い．しかしながら，すべての性質に類似性があるわけではない．例えば，命題 5.5 は多変数の多項式では成立しない．

例 6.1 $x^2 + xy$ と $xy - y^2$ はそれぞれ $x(x+y)$, $y(x-y)$ と因数分解されるので，これらの多項式の公約数は定数のみである．しかし，

$$1 = A(x^2 + xy) + B(xy - y^2)$$

を満たす多項式 A, B は $K[x, y, z]$ に存在しない．実際，上記の関係を満たす A, B が存在したとしよう．このとき，x, y に 0 を代入すると，右辺は 0，左辺は 1 なので矛盾である．

前章の終わりで述べたように，抽象代数学では，1 変数の多項式全体 $K[x]$ は，

ユークリッド整域，より一般に**単項イデアル整域**とよばれる代数系に属する．一方，2 変数以上の多項式全体は単項イデアル整域ではない．しかしながら，既約多項式への分解の一意性は変数の数に関係なく多項式全体の集合で成立する．この類似の性質が成り立つ代数系は**素元分解整域**とよばれている．

6.2 置換

後の準備のために置換の定義から始めよう．

定義 6.2 (1) 相異なる n 個のものを 1 つの順序 (順列) から他の順序 (順列) に置き換えることを**置換**という．

(2) X は有限個の元を持つ集合とする．X から X への全単射を**置換**という．なお相異なるものが n である場合や X の元の個数が n である場合，n 文字の置換とよぶ．

定義 6.2 の (1)，(2) の定義は異なっているように見えるかもしれない．これらを同じものとして見るには以下の例のように考えればよい．X に含まれる元の個数を 5 とし，

$$X = \{x_1, x_2, x_3, x_4, x_5\}$$

とおく．定義 6.2 (2) の意味での置換の 1 つ選んで σ (シグマ) と表わし，この写像が，$\sigma(x_1) = x_4$, $\sigma(x_2) = x_3$, $\sigma(x_3) = x_2$, $\sigma(x_4) = x_5$, $\sigma(x_5) = x_1$ であったとしよう．この写像は X の元を

$$x_1, x_2, x_3, x_4, x_5$$

と並べて，

$$x_1, x_2, x_3, x_4, x_5$$
$$\sigma \downarrow$$
$$x_4, x_3, x_2, x_5, x_1$$

と写像を書き下すと，x_1, x_2, x_3, x_4, x_5 という相異なる 5 つのものの 1 つの順序から他の順序への置き換えとみなすことができる．X の元の個数がいくつになっても，同様の見方をすれば，2 つの "置換" の定義は同じものとみなすことがで

きる．

　本章および次章では，n 文字の置換全体を S_n で表わすことにする．上記の例でギリシャ文字 σ を用いたように，置換を表わす際は，σ や τ (タウ) などギリシャ文字を用いる事が多い．順序の置き換えがまったく起こっていない置換も**恒等置換**として置換に含めると，S_n は $n!$ 個の元からなる集合である．

　置換の表記法　置換は写像であるから，その表わし方を工夫しなければならない．相異なるものが，n 個であったとし，おのおのに 1 から n までの番号をつける．置換 σ で第 i 番目のものが，k_i 番目に置き換えられるとき，2 行 n 列の行列を用いて

$$\sigma = \begin{pmatrix} 1 & 2 & \cdots & i & \cdots & n \\ k_1 & k_2 & \cdots & k_i & \cdots & k_n \end{pmatrix}$$

と表わす．最初の 5 文字の置換の例では，各 x_i の添字の i を番号と考えると

$$\sigma = \begin{pmatrix} 1 & 2 & 3 & 4 & 5 \\ 4 & 3 & 2 & 5 & 1 \end{pmatrix}$$

となる．

　置換の合成と逆置換

　σ, τ を 2 つの置換とする．$1, \cdots, n$ をまず τ を施し，続いて σ を施して得られる置換を σ と τ の**合成**または**積**とよび，$\sigma\tau$ で表わす[2]．

　例 6.2　$\sigma = \begin{pmatrix} 1 & 2 & 3 & 4 & 5 \\ 4 & 3 & 2 & 5 & 1 \end{pmatrix}$，$\tau = \begin{pmatrix} 1 & 2 & 3 & 4 & 5 \\ 2 & 1 & 3 & 5 & 4 \end{pmatrix}$

とすると，まず，τ を施して

$$1 \mapsto 2, \ 2 \mapsto 1, \ 3 \mapsto 3, \ 4 \mapsto 5, \ 5 \mapsto 4$$

となる．この結果に続いて σ を施すと，

$$2 \mapsto 3, \ 1 \mapsto 4, \ 3 \mapsto 2, \ 5 \mapsto 1, \ 4 \mapsto 5$$

---

[2] 書物によっては，$\sigma\tau$ の意味をまず σ で置き換え，続いて τ で置き換えて得られる置換を表わす場合もある．置換の合成の順序についてはその都度注意を払う必要がある．

であるから，

$$\sigma\tau = \begin{pmatrix} 1 & 2 & 3 & 4 & 5 \\ 3 & 4 & 2 & 1 & 5 \end{pmatrix}$$

となる．続いて，順序を入れ換えた積 $\tau\sigma$ を考えて見よう．σ で

$$1 \mapsto 4,\ 2 \mapsto 3,\ 3 \mapsto 2,\ 4 \mapsto 5,\ 5 \mapsto 1$$

で置き換え，続いてこの結果を τ で置き換えると

$$4 \mapsto 5,\ 3 \mapsto 3,\ 2 \mapsto 1,\ 5 \mapsto 4,\ 1 \mapsto 2$$

であるから

$$\tau\sigma = \begin{pmatrix} 1 & 2 & 3 & 4 & 5 \\ 5 & 3 & 1 & 4 & 2 \end{pmatrix}$$

を得る．2 つの置換の積 $\sigma\tau$ と $\tau\sigma$ は異なっていることに注意しよう．一般に，置換 σ_1, σ_2 の積については $\sigma_1\sigma_2 \neq \sigma_2\sigma_1$ となることが多い．

例 6.2 で見たように，置換の積を考えるとその積の順序によって結果が異なっている．積に関する順序の入れ換えにより結果が異なるとき，**積に関して非可換**であるという．置換の積について，その順序を入れ換えることはできないが，以下に述べる**結合法則**は成立する：

3 つの置換 $\sigma_1, \sigma_2, \sigma_3$ について

$$(\sigma_1\sigma_2)\sigma_3 = \sigma_1(\sigma_2\sigma_3)$$

が成立する．この性質は置換の積が**写像の合成である**ということを考慮すれば確かめることができる．

次に**逆置換**を定義しよう．置換 σ を n 文字の置き換えと考えると，**置き換えたものをもとに戻す置換**を考えることができる．この置換を σ の逆置換といい，σ^{-1} で表わす．例えば例 6.2 の σ の逆置換は

$$\begin{pmatrix} 1 & 2 & 3 & 4 & 5 \\ 5 & 3 & 2 & 1 & 4 \end{pmatrix}$$

である．

恒等置換は 1, id 等で表わす．置換 σ とその逆置換 σ^{-1} に対しては，$\sigma\sigma^{-1} = 1$ が成立する．

以下，置換の表記法やその性質をいくつか述べてこの節を終えよう．

置換 σ が 2 つの文字 i と j を入れ換えるだけのとき，**互換**といい，(ij) と表わす．例えば，

$$(23) = \begin{pmatrix} 1 & 2 & 3 \\ 1 & 3 & 2 \end{pmatrix}, \quad (24) = \begin{pmatrix} 1 & 2 & 3 & 4 \\ 1 & 4 & 3 & 2 \end{pmatrix}$$

と表わす．互換の表記は一般化できて，$1 \mapsto 2, 2 \mapsto 4, 3 \mapsto 3, 4 \mapsto 1$ と置き換える 4 文字の置換を (124) で表わす．一般に k 個の文字 $i_1, i_2, \cdots, i_k$ を順送りに $i_1 \mapsto i_2, i_2 \mapsto i_3, \cdots, i_{k-2} \mapsto i_{k-1}, i_k \mapsto i_1$ と置き換える置換を**長さ k の巡回置換**とよび $(i_1 i_2 \cdots i_k)$ で表わす．例えば，

$$(12345) = \begin{pmatrix} 1 & 2 & 3 & 4 & 5 \\ 2 & 3 & 4 & 5 & 1 \end{pmatrix}, \quad (123) = \begin{pmatrix} 1 & 2 & 3 & 4 & 5 \\ 2 & 3 & 1 & 4 & 5 \end{pmatrix}$$

である．互換や巡回置換の表記法では，置換される文字のみ表記され，**もとの置換の文字の個数は表記に現れていない**ことに注意しよう．互換 (12) は 3 文字の置換を表わすと同時に，5 文字の置換も表わしている．互換や巡回置換は置換の中でも基本的である．というのは，以下に述べる性質が成り立つからである．

性質 1. すべての置換は互換の積で表わされる．

例えば，$(12345) = (15)(14)(13)(12), (123) = (13)(12)$ である．ただし，この表わし方は，一通りに定まるわけではない．実際，$(12345) = (45)(35)(25)(15)$, $(123) = (23)(13) = (12)(23)$ である．しかしながら，置換を互換の積で表わしたときに現れる "互換の個数" については次の性質が成り立つ．

性質 2. 置換を互換の積で表わしたとき，現れる互換の個数の偶奇は一定である．

偶数個の互換の積として表わされる置換を**偶置換**，奇数個の互換の積として表わされる置換を**奇置換**という．置換 σ が奇置換のとき，(12) との積 $(12)\sigma$ は偶置換である．また，σ が偶置換のとき，$(12)\sigma$ は奇置換となる．

問 6.1（1） 巡回置換 (15432) を 2 通りの互換の積で表わせ．現れた互換の個数の偶奇が一致することを確かめよ．

（2） S_n の偶置換，奇置換の数はともに $n!/2$ である．なぜか．

性質 1 は置換の文字の個数 n に関する帰納法により簡単に確かめられる．実際，$n=1$ のときは恒等置換のみで，0 個の互換の積と考えることができる．$n-1$ 以下の文字の置換で性質 1 が成立すると仮定する．n 文字の置換 σ を任意に選ぶ．

（イ） σ で n が n に置き換えられるとき．σ は $n-1$ **文字の置換とみなすことができる**．したがって，帰納法の仮定から σ は互換の積で表わすことができる．

（ロ） σ で n が他の文字 k に置き換えられるとき．$\tau = (nk)\sigma$ とおくと，τ は n を n に移す置換である．したがって，(イ) から τ は互換の積で表わされる．$(nk)\tau = (nk)((nk)\sigma) = ((nk)(nk))\sigma = \sigma$ であるから，σ も互換の積で表わされる．

以上により，n 文字の置換も互換の積で表わされることが分かった．

性質 2 の証明には少し準備が必要なのでここでは省略する．本シリーズ第 3 巻『線形代数』第 2 章の行列式を参照されたい．

性質 3. **すべての置換は共通な文字を含まない巡回置換の積で表わされる．**

例として置換

$$\sigma = \begin{pmatrix} 1 & 2 & 3 & 4 & 5 \\ 2 & 3 & 1 & 5 & 4 \end{pmatrix}$$

について考えてみよう．まず，$1 \mapsto 2, 2 \mapsto 3, 3 \mapsto 1$ となっている．そこで，$(123)^{-1}\sigma$ を計算すると，(45) に等しいことが分かる．これから $\sigma = (123)(45)$ を得る．性質 3 の証明は，性質 1 と同様，文字の数 n に関する帰納法で証明される．

問 6.2 性質 3 を文字の数 n に関する帰納法で証明せよ．

6.3 群の概念と置換

前節で述べた置換に関して，より抽象的な立場からまとめ直しておこう．まず，置換の積を集合と写像の言葉で整理すると

"置換の積" は置換のペア (σ, τ) に対して，第 3 の置換 $\sigma\tau$ を対応させること，すなわち，"置換のペア全体の集合 $S_n \times S_n$ から S_n への写像である" と考えることができる．前節で確かめたように，置換の積は以下の性質を満たす．

（ⅰ） 結合法則を満たす．すなわち，3 つの置換 $\sigma_1, \sigma_2, \sigma_3$ に対して，$(\sigma_1\sigma_2)\sigma_3 = \sigma_1(\sigma_2\sigma_3)$ を満たす．

（ⅱ） 恒等置換 **1** は，任意の置換 σ に対して，$\mathbf{1}\sigma = \sigma\mathbf{1} = \sigma$ を満たす．

（ⅲ） 任意の置換 σ に対して，$\sigma\tau = \tau\sigma = \mathbf{1}$ を満たす置換が存在する．この置換のことを σ の逆置換とよび，σ^{-1} で表わす．

一般的に，上記のようなペアに対して，第 3 の元を対応させること，すなわち，集合 X の元のペア全体の集合 $X \times X$ から X への写像 $\varphi : X \times X \longmapsto X$ を X 上の**演算**という．演算は "数" の世界では自然に登場する．

例 6.3（1） 整数全体の集合 $\mathbb{Z}$ では，2 種類の演算が定義されている．整数のペア (a, b) に対して，和 $a + b$ と積 ab を対応させるものである．和については，置換の積同様 3 つの性質が成立することが簡単に分かる（この場合，恒等置換に対応するものは 0 である）．一方，積については，2, 3 等の逆数 $1/2, 1/3$ は $\mathbb{Z}$ に含まれないので (ⅲ) が満たされない．

（2） 0 でない実数全体の集合を $\mathbb{Q}^\times$ と表わす．有理数の通常の積は $\mathbb{Q}^\times$ 上の演算であり，この演算は置換の積同様 3 つの性質を満たす（1 が恒等置換に対応する）．

置換の積の 3 つの性質と同様な性質を満たす演算が定義されている集合は**群**とよばれている．その正確な定義を与えておこう：

定義 6.3 集合 G に対し，演算 $\varphi : G \times G \to G$ が定義されていて，この演算に関して以下の 3 つの性質が成立するとき，G は（φ に関して）**群をなす**，という：

（ⅰ） G の元 g_1, g_2, g_3 に対し，
$$\varphi(\varphi(g_1, g_2), g_3) = \varphi(g_1, \varphi(g_2, g_3))$$
が成立する．

（ⅱ） G の任意の元 g に対し，

$$\varphi(g,e) = \varphi(e,g) = g$$

を満たす G の元 e が存在する．e を演算 φ に関する**単位元**という．

(iii) G の任意の元 g に対して，

$$\varphi(g,h) = \varphi(h,g) = e$$

を満たす G の元 h が存在する．h を g の**逆元**といい，g^{-1} で表わす．

なお，演算 φ が明らかなときは，"φ に関して" は略すことが多い．n 文字の置換全体 S_n は積に関して群をなす．この群を n **次対称群**という．続いて，**部分群**の定義をしよう．

定義 6.4 群 G の空でない部分集合 H について，

- $H \times H$ の任意の元 (h_1, h_2) について，$\varphi(h_1, h_2) \in H$ である（つまり，φ を $H \times H$ に制限したものが演算になっている）．
- 上記の φ が定める H 上の演算に関して群になっている．

の 2 条件が成立するとき，H を G の部分群という．

次章で解説するように，群や部分群の考えは方程式の解の公式を一段高い視点から理解するうえで重要である．部分群の例をいくつかあげてこの節を終えることにしよう．

例 6.4 (1) n 文字の偶置換全体 A_n は S_n の部分群である．実際，偶置換同士の合成は偶置換になるから，S_n の積は A_n 上の演算になっている（実は，このことを確かめるのが一番大切！）．結合法則は，S_n で成り立っているので当然成立する．恒等置換は 0 個の互換の積と考えれば A_n に含まれている．偶置換の逆置換が再び偶置換となることは演習問題としよう．

(2) S_4 の部分集合 $V_4 := \{\mathbf{1}, (12)(34), (13)(24), (14)(23)\}$ は S_4 の部分群である．V_4 はクライン (Klein) の四元群とよばれている．

(3) 整数全体の集合 $\mathbb{Z}$ を和に関して群としてみたとき，0 以上の整数全体 $\mathbb{Z}_{\geq 0}$ は $\mathbb{Z}$ の部分群ではない．実際，正の整数 $m > 0$ について，$-m \notin \mathbb{Z}$ なので，m は $\mathbb{Z}_{\geq 0}$ 内に逆元を持たない．

問 6.3 (1) 偶置換の逆置換は再び偶置換であることを示せ.
(2) 例 6.4 の V_4 は S_4 の部分群となることを示せ.

6.4 対称式

n 変数の多項式

$$f = \sum_{k_1,\cdots,k_n} a_{k_1\cdots k_n} x_1^{k_1} \cdots x_n^{k_n}$$

と置換 σ に対して,多項式 σf を

$$\sigma f = \sum_{k_1,\cdots,k_n} a_{k_1\cdots k_n} x_{\sigma(1)}^{k_1} \cdots x_{\sigma(n)}^{k_n}$$

と定義する.例えば $f = x_1^2 x_2 x_3 + x_1^2 + x_1 x_2 + x_3$, $\sigma = (123)$ のとき,$\sigma f = x_2^2 x_3 x_1 + x_2^2 + x_2 x_3 + x_1$ である.2 つの置換 σ, τ に対して,$\tau(\sigma f) = (\tau\sigma)f$ が成立することに注意しよう.f から σf を構成することを f に σ を作用させるという.

問 6.4 $f = (x_1 - x_2)(x_1 - x_3)(x_2 - x_3)$ について以下の事実を確かめよ.
(1) $(123), (132)$ に対して,$(123)f = (132)f = f$ である.
(2) $(12), (13), (12)$ に対して,$(12)f = (13)f = (23)f = -f$ である.

定義 6.5 n 変数の多項式 f が,任意の (n 文字の) 置換 σ に対して,$\sigma f = f$ を満たすとき,f を対称式という (変数の数を強調したいときは n 変数の対称式という).

$x_1^2 + x_2^2 + x_3^2$, $x_1^3 + x_2^3 + x_3^3 - 3x_1 x_2 x_3$ は 3 変数の対称式である.一方,問 6.4 で確かめたように $(x_1 - x_2)(x_1 - x_3)(x_2 - x_3)$ は対称式ではない.ただし,$\{(x_1 - x_2)(x_1 - x_3)(x_2 - x_3)\}^2$ は対称式であることに注意しよう.

n 個の変数 $x_1, \cdots, x_n$ の中から相異なる変数を k 選んで積をとる.例えば,選んだ変数が $x_1, x_2, \cdots, x_k$ なら $x_1 x_2 \cdots x_k$ である.このような変数の選び方は $\binom{n}{k}$ 通りあるが,このようにしてできた積をすべて足し合わせたものを

$$\sum_{i_1<\cdots<i_k} x_{i_1}x_{i_2}\cdots x_{i_k}$$

と表わす.

定義 6.6 変数の個数に関係なく，上記の k 次式を**次数 k の基本対称式**といい，s_k で表わす.

変数の数が n のときは，基本対称式は n 個あることになる．$n=3,4$ のときに各 k についてこの式を具体的に書き下すと，それぞれ

$$x_1+x_2+x_3, x_1x_2+x_2x_3+x_1x_3, x_1x_2x_3,$$

$$x_1+x_2+x_3+x_4, x_1x_2+x_1x_3+x_1x_4+x_2x_3+x_2x_4+x_3x_4,$$

$$x_1x_2x_3+x_1x_2x_4+x_1x_3x_4+x_2x_3x_4, x_1x_2x_3x_4$$

である．対称式について次の定理は基本的である．

定理 6.2 任意の n 変数の対称式は，基本対称式 $s_1, s_2, \cdots, s_n$ を変数とみなした多項式として表わせる[3)].

対称式が基本対称式で表わせるかどうか少し具体例で確かめてみよう.

$$\begin{aligned}
&x_1^2+x_2^2+x_3^2\\
&=(x_1+x_2+x_3)^2-2(x_1x_2+x_1x_3+x_2x_3)\\
&=s_1^2-2s_2,\\
&x_1^3+x_2^3+x_3^3-3x_1x_2x_3\\
&=(x_1+x_2+x_3)(x_1^2+x_2^2+x_3^2-x_1x_2-x_1x_3-x_2x_3)\\
&=s_1(s_1^2-3s_2)
\end{aligned}$$

となって確かに定理 6.2 は正しそうである．では，$\{(x_1-x_2)(x_1-x_3)(x_2-x_3)\}^2$ についてはどうだろうか．これを具体的に書き下すことはやさしくはない．答は

$$s_1^2s_2^2+18s_1s_2s_3-4s_2^3-4s_1^3s_3-27s_3^2$$

[3)] 本書では省略するが表わし方は一通りである．

でこれを何の方針もなく求めることは大変そうである[4]．こうしてみると，定理 6.2 の証明には何かアイデアが必要になることが分かるだろう．このアイデアが何かを上記の具体例を通して考えてみよう．

例 6.5（1） 恒等式 $x_1^2 + x_2^2 + x_3^2 = s_1^2 - 2s_2$ を得る手続きを順を追って考える．まず，x_1^2 という項に注目する．s_1, s_2, s_3 を変数とする単項式で，項 x_1^2 を含むものとして s_1^2 がとれる．そこで，$x_1^2 + x_2^2 + x_3^2 - s_1^2$ を計算すると，$-2(x_1x_2 + x_1x_3 + x_2x_3)$ であるから

$$x_1^2 + x_2^2 + x_3^2 = s_1^2 - 2s_2$$

を得る．

（2） 恒等式 $x_1^3 + x_2^3 + x_3^3 - 3x_1x_2x_3 = s_1(s_1^2 - 3s_2)$ を上で述べた因数分解を利用せずに示そう．x_1^3 という項を持つ s_1, s_2, s_3 の単項式は s_1^3 のみである．そこで，$x_1^3 + x_2^3 + x_3^3 - 3x_1x_2x_3 - s_1^3$ を計算すると，

$$-3(x_1^2x_2 + x_1^2x_3 + x_1x_2^2 + x_2^2x_3 + x_1x_3^2 + x_2x_3^2 + 3x_1x_2x_3)$$

を得る．次に $-3x_1^2x_2$ という項に注目しよう．$x_1^2x_2$ を含む s_1, s_2, s_3 の単項式として，s_1s_2 がとれる．そこで，$3s_1s_2$ を計算してみると，

$$3s_1s_2 = 3(x_1^2x_2 + x_1^2x_3 + x_1x_2^2 + x_2^2x_3 + x_1x_3^2 + x_2x_3^2 + 3x_1x_2x_3)$$

となるから，上記の等式を得る．

例 6.5 で，s_1^2, s_1^3, s_1s_2 を選んだ理由について考えてみよう．x_1^2, x_1^3 という項を含む s_1, s_2, s_3 を変数とする単項式はそれぞれ s_1^2, s_1^3 に限るので，他に選び方はない．一方，$x_1^2x_2$ という項は $s_1^3/3$ を展開した式にも含まれている．なぜ，s_1s_2 を選んだのか．定理 6.2 の証明のポイントはこの選び方にある．ここで，いきなりで唐突かもしれないが，単項式 $x_1^{k_1}x_2^{k_2}x_3^{k_3}$ と $x_1^{l_1}x_2^{l_2}x_3^{l_3}$ の間の次数の大小関係 $>_{lex}$ を

"整数を成分とするベクトル $(k_1-l_1, k_2-l_2, k_3-l_3)$ のもっとも左にある 0 でない成分が正であるとき，$x_1^{k_1}x_2^{k_2}x_3^{k_3}$ は $x_1^{l_1}x_2^{l_2}x_3^{l_3}$ より大きな次数を持つ"

---

[4] 高木貞治著『代数学講義』p. 144 参照

と定義する[5]．この次数の大小関係を $>_{lex}$ で表わす．奇妙に見えるかも知れないが，$x_1^{k_1} x_2^{k_2} x_3^{k_3}$ の次数が，上で定義した $>_{lex}$ で $x_1^{l_1} x_2^{l_2} x_3^{l_3}$ の次数より大きいとき，$x_1^{k_1} x_2^{k_2} x_3^{k_3} >_{lex} x_1^{l_1} x_2^{l_2} x_3^{l_3}$ と表わすことにする．大小関係 $>_{lex}$ を用いると，x_1, x_2, x_3 を変数とする多項式は次数の高い順に書き直せることに注意しよう．実際，

$$x_1^3 + x_2^3 + x_3^3 - 3x_1 x_2 x_3$$

を書き直すと，

$$x_1^3 - 3x_1 x_2 x_3 + x_2^3 + x_3^3$$

であり，

$$x_1^2 x_2 + x_1^2 x_3 + x_1 x_2^2 + x_2^2 x_3 + x_1 x_3^2 + x_2 x_3^2 + 3 x_1 x_2 x_3$$

を書き直すと，

$$x_1^2 x_2 + x_1^2 x_3 + x_1 x_2^2 + 3 x_1 x_2 x_3 + x_1 x_3^2 + x_2^2 x_3 + x_2 x_3^2$$

である．$x_1^2 x_2$ は $s_1^3/3$ を展開した式にも現れるが，この展開式の $>_{lex}$ に関する次数最大の項は $x_1^3/3$ であり $x_1^2 x_2$ ではない．一方，$s_1 s_2$ を展開して現れる $>_{lex}$ に関する次数最大の項は $x_1^2 x_2$ である．すなわち，例 6.5 で $s_1^2, s_1^3, s_1 s_2$ を選んだ理由は "$>_{lex}$ 関する次数最大の項をそろえる" という点にある．もう1つ例をみておこう．

例 6.6 $f(x_1, x_2, x_3) = x_1^3 x_2 + x_1^3 x_2 + x_1 x_2^3 + x_1 x_3^3 + x_2^3 x_3 + x_2 x_3^3$

を s_1, s_2, s_3 を用いて表わそう．まず，$>_{lex}$ について次数の高い順に並べられていることに注意する．$s_1^3 s_2$ の $>_{lex}$ に関する次数最大の項が $s_1^2 s_2$ であることに注意して，$f(x_1, x_2, x_3) - s_1^2 s_2$ を計算すると，

$$f(x_1, x_2, x_3) - s_1^2 s_2 = -2 x_1^2 x_2^2 - 3 x_1^2 x_2 x_3 - 2 x_1^2 x_3^2 - 3 x_1 x_2^2 x_3 - 3 x_1 x_2 x_3^2 - 2 x_2^2 x_3^2$$

である．さらに，

$$s_2^2 = x_1^2 x_2^2 + 2 x_1^2 x_2 x_3 + x_1^2 x_3^2 + 2 x_1 x_2^2 x_3 + 2 x_1 x_2 x_3^2 + x_2^2 x_3^2$$

---

[5] 単項式が1変数で同じ変数である場合，例えば $k_2 = k_3 = l_2 = l_3 = 0$ のときは，1変数の単項式の普通の次数の大小に一致することに注意．

であるから，$f(x_1, x_2, x_3) - s_1^2 s_2$ と $-2s_2^2$ の $>_{lex}$ に関する次数最大の項は等しい．これから，

$$f(x_1, x_2, x_3) - s_1^2 s_2 + 2s_2^2 = x_1^2 x_2 x_3 + x_1 x_2^2 x_3 + x_1 x_2 x_3^2$$

を得る．この式の右辺の $>_{lex}$ に関する次数最大の項は $x_1 x_2^2 x_3$ で，$s_1 s_3$ の $>_{lex}$ に関する次数最大の項と同じである．そこで，$f(x_1, x_2, x_3) - s_1^2 s_2 + 2s_2^2 - s_1 s_3$ を計算すると 0 になる．ゆえに，

$$f(x_1, x_2, x_3) = s_1^2 s_2 - 2s_2^2 + s_1 s_3$$

となることが分かる．

以上の例から，対称式を基本対称式で書き下す手続きのおおよその仕組みが分かる．次節でその証明のあらましを述べる．

6.5 定理 6.2 の証明の概略

本節では，$n = 3$ の場合に定理 6.2 の証明のあらましを述べる[6]．一般の場合も表記が少し煩雑になるだけでほぼ同様である．なお，変数は置換の作用を明確に表わすため x_1, x_2, x_3 を用いる．前節でもみたように証明のポイントは

- 単項式 $x_1^l x_2^m x_3^n$ 全体の集合に**大小関係 (順序)** を定義すること

である．あまり自然に見えないかもしれないが，改めて "$>_{lex}$" の定義を与えておく．

定義 6.7 $x_1^{k_1} x_2^{k_2} x_3^{k_3}$ と $x_1^{l_1} x_2^{l_2} x_3^{l_3}$ に対し，各変数の指数を成分とするベクトルの差

$$(k_1 - l_1, k_2 - l_2, k_3 - l_3)$$

の 0 でないもっとも左の成分が正であるとき，

$$x_1^{k_1} x_2^{k_2} x_3^{k_3} >_{lex} x_1^{l_1} x_2^{l_2} x_3^{l_3}$$

と定義する．

---

[6] この節の内容は少し難しく，また，本書の他の部分とも独立なので，省略してもよい．

注意 6.2 $x_1^{k_1}x_2^{k_2}x_3^{k_3} >_{lex} x_1^{l_1}x_2^{l_2}x_3^{l_3}$ または $x_1^{k_1}x_2^{k_2}x_3^{k_3} = x_1^{l_1}x_2^{l_2}x_3^{l_3}$ が成立するとき，まとめて $x_1^{k_1}x_2^{k_2}x_3^{k_3} \geq_{lex} x_1^{l_1}x_2^{l_2}x_3^{l_3}$ と表わす．

例 6.7（i） $x_1 = x_1^1 x_2^0 x_3^0, x_2 = x_1^0 x_2^1 x_3^0, x_3 = x_1^0 x_2^0 x_3^1$ であるから

$$x_1 >_{lex} x_2 >_{lex} x_3$$

である．

（ii）（x_1 を含む単項式）$>_{lex}$（x_1 を含まない任意の単項式より単項式）である．例えば $x_1 >_{lex} x_2^{10} x_3^{15}$．

問 6.5 n は 3 以上の自然数とする．単項式 $x_1^{n-1}, x_1^{n-2}x_2 x_3, x_1, x_2 x_3^{n-1}, x_2^n$ を $>_{lex}$ に関して大きい順に並べよ．

順序 $>_{lex}$ の性質： $>_{lex}$ は以下の性質を満たす．

（i） $x_1^{k_1}x_2^{k_2}x_3^{k_3} >_{lex} x_1^{l_1}x_2^{l_2}x_3^{l_3}$ かつ $x_1^{l_1}x_2^{l_2}x_3^{l_3} >_{lex} x_1^{m_1}x_2^{m_2}x_3^{m_3}$ ならば $x_1^{k_1}x_2^{k_2}x_3^{k_3} >_{lex} x_1^{m_1}x_2^{m_2}x_3^{m_3}$．

（ii） $x_1^{k_1}x_2^{k_2}x_3^{k_3} \geq_{lex} x_1^{l_1}x_2^{l_2}x_3^{l_3}$ かつ $x_1^{l_1}x_2^{l_2}x_3^{l_3} \geq_{lex} x_1^{k_1}x_2^{k_2}x_3^{k_3}$ ならば $x_1^{k_1}x_2^{k_2}x_3^{k_3} = x_1^{l_1}x_2^{l_2}x_3^{l_3}$．

（iii） 単項式 $x_1^{k_1}x_2^{k_2}x_3^{k_3}$ と $x_1^{l_1}x_2^{l_2}x_3^{l_3}$ を任意に選んだとき，

$$x_1^{k_1}x_2^{k_2}x_3^{k_3} \geq_{lex} x_1^{l_1}x_2^{l_2}x_3^{l_3} \quad \text{または} \quad x_1^{l_1}x_2^{l_2}x_3^{l_3} \geq_{lex} x_1^{k_1}x_2^{k_2}x_3^{k_3}$$

のすくなくとも一方が成立する．

問 6.6 上記の性質 (i), (ii), (iii) を $>_{lex}$ の定義に基づいて証明せよ．

上記の $>_{lex}$ の性質から，多項式 f を任意に選んだとき各項を順序 $>_{lex}$ 関して大きな順に並べることができる．すると，1 変数の多項式と同じように先頭項，先頭単項式，先頭係数が定義できる．1 変数のときと同様

$$\mathrm{LT}(f) = >_{lex} \text{ に関する } f \text{ の先頭項}$$

$$\mathrm{LM}(f) = >_{lex} \text{ に関する } f \text{ の先頭単項式}$$

$$\mathrm{LC}(f) = >_{lex} \text{ に関する } f \text{ の先頭係数}$$

とおく．さらに，$>_{lex}$ に関しては次の補題が成立する．

補題 6.1 単項式の無限列

$$x_1^{a_1}x_2^{b_1}x_3^{c_1}, x_1^{a_2}x_2^{b_2}x_3^{c_2}, \cdots, x_1^{a_n}x_2^{b_n}x_3^{c_n}, \cdots$$

で，条件 "任意の $i \geq 1$ に対して，$x_1^{a_i}x_2^{b_i}x_3^{c_i} >_{lex} x_1^{a_{i+1}}x_2^{b_{i+1}}x_3^{c_{i+1}}$ を満たすもの" は存在しない．

証明 a_i, b_i, c_i はそれぞれ 0 以上の整数であるから，以下の現象は起きないことに注意する．

（i） x_1 に関する次数が無限に減少する．

（ii） x_1 に関する次数が等しいまま，x_2 に関する次数が無限に減少する．

（iii） x_1, x_2 に関する次数がそれぞれ等しいまま，x_3 に関する次数が無限に減少する．

一方，i 番目と $i+1$ 番目の単項式に関して

$$x_1^{a_i}x_2^{b_i}x_3^{c_i} >_{lex} x_1^{a_{i+1}}x_2^{b_{i+1}}x_3^{c_{i+1}}$$

が成立するのは

（イ） $a_i > a_{i+1}$，

（ロ） $a_i = a_{i+1}$ かつ $b_i > b_{i+1}$，

（ハ） $a_i = a_{i+1}$ かつ $b_i = b_{i+1}$ かつ $c_i > c_{i+1}$，

のいずれかが成立するときに限る．さて，補題 6.1 の条件を満たす無限列が存在したとしよう．上記の (i) より，（イ）が成立するのは有限回しかない．したがって，無限列において，ある i_0 以降は a_i はすべて等しいとしてよい．すると，i_0 以降は（ロ）または（ハ）が成立せねばならない．再び，上記の (ii) より，（ロ）が成立するのは有限回しかない．ゆえにある i_1 以降は a_i, b_i はすべて等しくなけらばならない．すなわち，（ハ）が成立することになるが，これも (iii) より有限回しかおこらない．すなわち，補題 6.1 の条件を満たす無限列は存在しない．□

補題 6.1 の言い換えは次の補題である．

補題 6.2 $>_{lex}$ について，補題 6.1 の主張は次の主張と同値である：$\mathcal{M}$ は空でない任意の単項式の集合とする．$\mathcal{M}$ には $>_{lex}$ に関する最小元が存在する．

証明 補題 6.1 の性質，すなわち，単項式の無限列で

$$x_1^{a_1}x_2^{b_1}x_3^{c_1} >_{lex} x_1^{a_2}x_2^{b_2}x_3^{c_2} >_{lex} \cdots >_{lex} x_1^{a_n}x_2^{b_n}x_3^{c_n} >_{lex} \cdots$$

を満たすものは存在しないとする．$\mathcal{M}$ は単項式を元とする空でない任意の集合とする．$\mathcal{M}$ に $>_{lex}$ に関する最小元が存在しないと仮定する．$\mathcal{M}$ が有限集合なら，$>_{lex}$ の性質から最小限は存在するので $\mathcal{M}$ は無限集合としてよい．$\mathcal{M}$ の元 $x_1^{l_1}x_2^{m_1}x_3^{n_1}$ を任意に選ぶ．$x_1^{l_1}x_2^{m_1}x_3^{n_1}$ は $>_{lex}$ に関して最小でないから，$x_1^{l_1}x_2^{m_1}x_3^{n_1} >_{lex} x_1^{l_2}x_2^{m_2}x_3^{n_2}$ を満たす $\mathcal{M}$ の元 $x_1^{l_2}x_2^{m_2}x_3^{n_2}$ がとれる．$x_1^{l_2}x_2^{m_2}x_3^{n_2}$ も $\mathcal{M}$ の最小元でないから，$x_1^{l_2}x_2^{m_2}x_3^{n_2} >_{lex} x_1^{l_3}x_2^{m_3}x_3^{n_3}$ を満たす $\mathcal{M}$ の元がとれる．以下同様に繰り返すと，$>_{lex}$ に関する無限の減少列

$$x_1^{l_1}x_2^{m_1}x_3^{n_1} >_{lex} x_1^{l_2}x_2^{m_2}x_3^{n_2} >_{lex} \cdots$$

を得るがこれは仮定に反する．

逆を証明するのに対偶 "$>_{lex}$ に関して無限に減少する単項式の列が存在すれば，単項式の集合 $\mathcal{M}$ で $>_{lex}$ に関する最小元が存在しないものが構成できる" ことを示そう．単項式の無限列で

$$x_1^{a_1}x_2^{b_1}x_3^{c_1} >_{lex} x_1^{a_2}x_2^{b_2}x_3^{c_2} >_{lex} \cdots >_{lex} x_1^{a_n}x_2^{b_n}x_3^{c_n} >_{lex} \cdots$$

を満たすものが存在すると仮定する．$\mathcal{M}$ として，この無限列に現れる単項式全体の集合をとれば $\mathcal{M}$ には最小元は存在しない． □

以上の準備のもと，定理 6.2 を証明しよう．

$$f = \sum_{l,m,n} a_{lmn} x_1^l x_2^m x_3^n$$

は任意の対称式とする．f に $a_{lmn}x_1^l x_2^m x_3^n$ があったとする．すると，任意の 3 文字の置換 σ に対して $\sigma f = f$ であるから，

$$a_{lmn}x_1^l x_2^m x_3^n,\ a_{lmn}x_1^l x_2^m x_3^n,\ a_{lmn}x_1^l x_2^m x_3^n,\ a_{lmn}x_1^l x_2^m x_3^n,\ a_{lmn}x_1^l x_2^m x_3^n$$

はすべて f に現れる．したがって，f の各項を $>_{lex}$ に関して大きい順に並べるとその先頭項は，$a_{lmn}x_1^l x_2^m x_3^n, l \geq m \geq n$ の形をしているとしてよい．一方，

$$x_1^l x_2^m x_3^n$$
$$= x_1^{l-n}x_2^{m-n}(x_1x_2x_3)^n$$
$$= x_1^{l-m}(x_1x_2)^{m-n}(x_1x_2x_3)^n$$

と書き直すと，$x_1^l x_2^m x_3^n$ は対称式 $s_1^{l-m} s_2^{m-n} s_3^n$ の先頭項に等しいことが分かる[7]．以上の考察をまとめておこう：

定数でない任意の対称式 f の $>_{lex}$ に関する先頭単項式を $x_1^l x_2^m x_3^n$ とすると，$l \geq m \geq n$ であり，

$$\mathrm{LM}(f) >_{lex} \mathrm{LM}(f - \mathrm{LC}(f) s_1^l s_2^m s_3^n)$$

となる．さて，定理 6.2 を証明するには，

$F = $ 基本対称式の多項式として表わすことのできない対称式全体の集合とすると，F は空集合である

ことを示せばよい．そこで，$F \neq \emptyset$ として矛盾を導こう．$\mathcal{M}_F$ は F に含まれる対称式の先頭単項式からなる集合とする．$F \neq \emptyset$ なので，$\mathcal{M}_F \neq \emptyset$ である．すると，補題 6.2 より，$\mathcal{M}_F$ には $>_{lex}$ に関する最小元が存在する．その単項式を $x_1^{l_0} x_2^{m_0} x_3^{n_0}, (l_0 \geq m_0 \geq n_0)$ とし，f_0 は $\mathrm{LM}(f_0) = x_1^{l_0} x_2^{m_0} x_3^{n_0}$ を満たす F の元とする．すると上で確かめたように

$$\mathrm{LM}(f_0) >_{lex} \mathrm{LM}(f_0 - \mathrm{LC}(f_0) s_1^{l_0-m_0} s_2^{m_0-n_0} s_3^{n_0})$$

である．$\mathrm{LM}(f_0)$ は $\mathcal{M}_F$ の最小元だったから，

$$g_0 := f_0 - \mathrm{LC}(f_0) s_1^{l_0-m_0} s_2^{m_0-n_0} s_3^{n_0}$$

とおくと，$g_0 \notin F$ である．すなわち，g_0 は基本対称式 s_1, s_2, s_3 の多項式として表わせる．$f_0 = \mathrm{LC}(f_0) s_1^{l_0-m_0} s_2^{m_0-n_0} s_3^{n_0} + g_0$ であるから，f_0 も s_1, s_2, s_3 の多項式として表わせることになるが，これは $f_0 \in F$ に矛盾する．すなわち，$F = \emptyset$ でなければならない． □

注意 6.3（1） 定理 6.2 の証明は，対称式 f を基本対称式で表わす方法も同時に与えていることに注意しよう．実際，f_0 から $f_0 - \mathrm{LC}(f_0) s_1^{l_0-m_0} s_2^{m_0-n_0} s_3^{n_0}$ を構成すると，先頭単項式が $>_{lex}$ に関して小さくなっている．$f_0 - \mathrm{LC}(f_0) s_1^{l_0-m_0} s_2^{m_0-n_0} s_3^{n_0}$ が 0 にならなければ同じ操作を繰り返す．補題 6.1 から，操作の繰り返しは有限回でストップする．これは，f_0 から s_1, s_2, s_3 に関する単項式を定数倍したも

---

[7] 2 つの多項式 f_1, f_2 に対して，$\mathrm{LT}(f_1 f_2) = \mathrm{LT}(f_1) \mathrm{LT}(f_2)$ が成り立つことから従う．

のを有限個引いたものが 0 になることを意味している．すなわち，この "繰り返し" の操作を逆にたどると f_0 の対称式による表示が得られていることが分かる．

(2) 単項式の集合に順序を導入する考え方は多項式環のグレブナ基底の理論[8]では基本的なものである．

---

[8] 参考文献として，コックス，オシー，リトル著『グレブナ基底と代数多様体入門 (上)』，シュプリンガー・フェアラーク東京，を挙げておく．

第 7 章

4 次以下の方程式の解の公式と置換

本章では，対称式の考え方を用いて 4 次以下の方程式の解の公式を一段高い視点から理解することを目標とする．なお，本章の内容や記号は高木貞治著『代数学講義』第 6 章に負うところが大きい．本章を読んで物足りなく感じた読者には一読することを薦める．

7.1 多項式と置換

$K[x_1, x_2, x_3]$ など，記号は前章までのものを踏襲する．多項式 $f = x_1^2 x_2 + x_1 x_2^2$ は 2 変数の多項式だが，変数 x_3 を含まない $K[x_1, x_2, x_3]$ の元とみなすこともできる．この多項式に 3 次対称群 S_3 を作用させて得られる多項式は，

$$x_1^2 x_2 + x_1 x_2^2,\ x_2^2 x_3 + x_2 x_3^2,\ x_1^2 x_3 + x_1 x_3^2$$

の 3 つである．ここで，1 つ記号と用語を導入する：

定義 7.1 S_n は n 次対称群とする．$f \in K[x_1, \cdots, x_n]$ に対し，多項式の集合 $O(f)$ を $O(f) := \{\sigma f \mid \sigma \in S_n\}$ と定義する．$O(f)$ を S_n の作用に関する f の**軌道**とよぶ．

f を一般にとると $\sharp O(f) = n!$[1] となる．しかし，特別な f を選ぶと最初にみたように $\sharp O(f) < n!$ となる．$\sharp O(f)$ と n 文字の置換全体の個数 $n!$ の間には，以下に述べるような関係がある：

命題 7.1 f は $x_1, \cdots, x_n$ を変数とする多項式とし，S_n は変数の置換で f に作用しているものとする．このとき，

---

[1] 集合 A に対し，$\sharp A$ は A に含まれる元の数を表わす．

(1) $H_f := \{\sigma \in S_n \mid \sigma f = f\}$ とおくと,H_f は S_n の部分群である.
(2) $\sharp O(f) = \sharp S_n / \sharp H_f$ である.つまり,$O(f)$ に含まれる多項式の個数は $n!$ の約数である.

証明 (1) $\mathbf{1}f = f$ より,$\mathbf{1} \in H_f$.したがって,$H_f \neq \emptyset$ である.H_f から 2 つの元 σ_1, σ_2 を任意に選ぶ.すると,

$$(\sigma_1 \sigma_2) f = \sigma_1 (\sigma_2 f) = \sigma_1 f = f$$

であるから,$\sigma_1 \sigma_2 \in H_f$ である.したがって,置換の積は H_f の積を定義する.この演算は S_n の合成と等しいので,H_f の元 $\sigma_1, \sigma_2, \sigma_3$ について,結合法則 $(\sigma_1 \sigma_2)\sigma_3 = \sigma_1(\sigma_2 \sigma_3)$ が成立する.

恒等置換 $\mathbf{1}$ については,最初に注意したように H_f に含まれている.さらに,$\sigma \in H_f$ のとき,

$$\sigma^{-1} f = \sigma^{-1}(\sigma f) = (\sigma^{-1}\sigma) f = f$$

であるから $\sigma^{-1} \in H_f$ も成立する.以上より,H_f は S_n の部分群である.

(2) $O(f) = \{f_1, \cdots, f_r\}$ とする.なお,ここでは $f_1 = f$ としている.$O(f)$ の定義から,各 f_i に対して,

$$f_i = \sigma_i f$$

を満たす置換 σ_i が存在する(f_1 については,$\sigma_1 = \mathbf{1}$ とするものとする).S_n の部分集合 $\sigma_i H_f$[2]を

$$\sigma_i H_f := \{\sigma_i \tau \mid \tau \in H_f\}$$

と定義する.このとき,

主張 $S_n = \bigcup_{i=1}^{r} \sigma_i H_f$ であり,さらに以下の性質を満たす:
(i) $i \neq j$ のとき,$\sigma_i H_f \cap \sigma_j H_f = \emptyset$ である.
(ii) $\sharp \sigma_i H_f = \sharp \sigma_j H_f$ が任意 i, j について成立する.

この主張を認めると,

---

[2] この表記は "記号" である.$\sigma_i H_f$ は σ_i と部分群 H_f の合成ではない.σ_i と S_n の部分集合の間には演算は定義されてないことに注意.

$$\sharp S_n = \sum_{i=1}^{r} \sharp(\sigma_i H_f) = r \sharp H_f$$

である．$\sharp O(f) = r$ なので，$\sharp O(f) = \sharp S_n / \sharp H_f$ を得る．

主張の証明に戻ろう．$O(f)$ の定義から S_n の任意の元 σ に対し，$\sigma f = f_i$ を満たす f_i が存在する．$\sigma_i^{-1} f_i = \sigma_i^{-1}(\sigma_i f) = (\sigma_i^{-1} \sigma_i) f = f$ に注意すると，$\sigma_i^{-1} \sigma f = \sigma_i^{-1} f_i = f$ となる．ゆえに $\sigma_i^{-1} \sigma$ は H_f の元となる．$\tau = \sigma_i^{-1} \sigma$ とおくと，$\sigma = \sigma_i \tau$ となるが，これは $\sigma \in \sigma_i H_f$ を意味する．σ は S_n の任意の元であったから $S_n = \bigcup_{i=1}^{n} \sigma_i H_f$ が成立する．

(i) の証明をする．$\sigma_i H_f \cap \sigma_j H_f \neq \emptyset$ を満たす i, j が存在したとし，$\sigma \in \sigma_i H_f \cap \sigma_j H_f$ を選ぶと，$\sigma = \sigma_i \tau = \sigma_j \tau' (\tau, \tau' \in H_f)$ と表わせる．すると，$\sigma f = (\sigma_i \tau) f = \sigma_i f = f_i$，$\sigma f = (\sigma_j \tau) f = \sigma_j f = f_j$ であるから，$f_i \neq f_j$ に矛盾する．したがって，$\sigma_i H_f \cap \sigma_j H_f = \emptyset$ でなければならない．

続いて (ii) を証明する．$\sharp \sigma_i H_f = \sharp H_f$ がすべての σ_i について成立することを確かめれば十分である．H_f の元 τ に $\sigma_i \tau$ を対応させて得られる H_f から $\sigma_i H_f$ への写像を考える．$\sigma_i H_f$ の定義からこの写像は全射である．また，$\tau, \tau' \in H_f$ に対して $\sigma_i \tau = \sigma_i \tau'$ とする．σ_i^{-1} との積を考えると $\tau = \tau'$ となることが分かる．これは，上記の写像が一対一であることを意味する．これで，H_f と $\sigma_i H_f$ の間には全単射写像が存在することが分かった．これから $\sharp H_f = \sharp \sigma_i H_f$ が従う．□

例 7.1 $x_1^2 x_2 + x_1 x_2^2$ を $K[x_1, x_2, x_3]$ の元とみて S_3 を作用させるとき，

$$O(x_1^2 x_2 + x_1 x_2^2) = \{x_1^2 x_2 + x_1 x_2^2, x_2^2 x_3 + x_2 x_3^2, x_1^2 x_3 + x_1 x_3^2\},$$

$$H_{x_1^2 x_2 + x_1 x_2^2} = \{\mathbf{1}, (12)\}$$

である．

7.2 さまざまな解の公式と置換

本節では方程式の係数や解をさまざまな値をとりうる変数として考える．n 次方程式の解 $x_1, \cdots, x_n$ には添字の入れ換えで n 次対称群 S_n が作用しているものとする．

7.2.1　2次方程式の解の公式.

2次方程式の解の公式から復習しよう：
$$x^2 + ax + b = 0$$
の解は
$$\frac{-a \pm \sqrt{a^2 - 4b}}{2}$$
で与えられる．上記の解を x_1, x_2 とおく．2次方程式の解と係数の関係から $x_1 + x_2 = -a, x_1 x_2 = b$ である．符号をうまく選んで，$\sqrt{a^2 - 4b} = x_1 - x_2$ としてよい．$(12)(x_1 - x_2) = -(x_1 - x_2)$, $H_{x_1 - x_2} = \{\mathbf{1}\}, H_{(x_1 - x_2)^2} = \{\mathbf{1}, (12)\}$ となっている．x_1, x_2 を変数とする一般の多項式 f については，$(12)f \neq -f, H_f = H_{f^2} = \{\mathbf{1}\}$ となるので，解の公式に必要な平方根 $\sqrt{a^2 - 4b}$ を表わす多項式は置換の作用に関して特別なものになっていることに注意しよう．

7.2.2　3次方程式の解の公式.

3次方程式
$$x^3 + ax + b = 0$$
の解の公式，"カルダノ (Cardano) の公式" から始めよう．$x = u + v$ とおいて代入すると，
$$(u+v)^3 + a(u+v) + b$$
$$= (u^3 + v^3 + b) + (3uv + a)(u+v)$$
$$= 0$$
を得る．したがって，連立方程式
$$\begin{cases} u^3 + v^3 = -b \\ uv = -\dfrac{a}{3} \end{cases}$$
を解けば，3次方程式の解が得られる．なお，$x = u + v$ とおく点が "人工的" だが，以下でみるようにすべての解はこの形で得られる．さて u^3 と v^3 は2次方程式

$$t^2 + bt - \frac{a^3}{27} = 0$$

の解で，これを解くと，

$$u^3 = -\frac{b}{2} + \sqrt{R}, \quad v^3 = -\frac{b}{2} - \sqrt{R}$$

を得る．ここで，

$$R = \frac{b^2}{4} + \frac{a^3}{27}$$

である．よって，

$$u = \sqrt[3]{-\frac{b}{2} + \sqrt{R}}, \quad \omega \sqrt[3]{-\frac{b}{2} + \sqrt{R}}, \quad \omega^2 \sqrt[3]{-\frac{b}{2} + \sqrt{R}},$$

$$v = \sqrt[3]{-\frac{b}{2} - \sqrt{R}}, \quad \omega \sqrt[3]{-\frac{b}{2} - \sqrt{R}}, \quad \omega^2 \sqrt[3]{-\frac{b}{2} - \sqrt{R}},$$

を得る．ただし，ω は 1 の虚数 3 乗根 $(-1+\sqrt{-3})/2$ である．u, v の組み合わせは単純に考えると 9 通りあるように見える．一方，代数学の基本定理およびその系より，3 次方程式の解の数は (**重複を込めて**) 3 個である．実際，$uv = -a/3$ という関係に注意すれば，解は

$$x_1 = \sqrt[3]{-\frac{b}{2} + \sqrt{R}} + \sqrt[3]{-\frac{b}{2} - \sqrt{R}}$$

$$x_2 = \omega \sqrt[3]{-\frac{b}{2} + \sqrt{R}} + \omega^2 \sqrt[3]{-\frac{b}{2} - \sqrt{R}}$$

$$x_3 = \omega^2 \sqrt[3]{-\frac{b}{2} + \sqrt{R}} + \omega \sqrt[3]{-\frac{b}{2} - \sqrt{R}}$$

となる．これが**カルダノの公式**とよばれている解の公式である．一般の 3 次方程式

$$x^3 + ax^2 + bx + c = 0$$

については，$x = y - \frac{a}{3}$ とおいて左辺を変形すれば，

$$y^3 + \left(-\frac{1}{3}a^2 + b\right)y + \frac{2}{27}a^3 + c - \frac{1}{3}ba$$

となり，y^2 の項がない形に帰着できることが分かる．帰着後の方程式にカルダノの公式を適用して，解を求めたあと，$a/3$ を引けばもとの方程式の解が求まる．

さて，u や v はいかにも人工的である．しかし，以下で見るように u と v を 3 つの解の多項式で表わして置換の作用を考えると 2 次方程式の場合と同様な規則性があることが分かる．こうした考えはラグランジュ (Lagrange) による．まず，恒等的に成り立つ等式

$$(x-x_1)(x-x_2)(x-x_3) = x^3 + ax + b$$

の両辺を比較して，3 次方程式の解と係数の関係

$$x_1 + x_2 + x_3 = 0$$

$$x_1 x_2 + x_2 x_3 + x_1 x_3 = a$$

$$x_1 x_2 x_3 = -b$$

が成り立つことに注意しておこう．

u, v を

$$u = \sqrt[3]{-\frac{b}{2} + \sqrt{R}}, \quad v = \sqrt[3]{-\frac{b}{2} - \sqrt{R}}$$

と固定しておくと $x_1 = u+v, x_2 = \omega u + \omega^2 v, x_3 = \omega^2 u + \omega v$ であるから，

$$x_1 + \omega^2 x_2 + \omega x_3 = 3u + (1 + \omega + \omega^2)v$$

$$x_1 + \omega x_2 + \omega^2 x_3 = (1 + \omega^2 + \omega)u + 3v$$

となる．$1 + \omega + \omega^2 = 0$ に注意すると

$$u = \frac{x_1 + \omega^2 x_2 + \omega x_3}{3}$$

$$v = \frac{x_1 + \omega x_2 + \omega^2 x_3}{3}$$

を得る．さて，u, v を x_1, x_2, x_3 の多項式とみて 3 文字の置換の作用させると

$$(123)u = \frac{1}{3}(x_2 + \omega^2 x_3 + \omega x_1) = \omega u$$

$$(132)u = \frac{1}{3}(x_3 + \omega^2 x_1 + \omega x_2) = \omega^2 u$$

$$(12)u = \frac{1}{3}(x_2 + \omega^2 x_1 + \omega x_3) = \omega^2 v$$

$$(13)u = \frac{1}{3}(x_3 + \omega^2 x_2 + \omega x_1) = \omega v$$

$$(23)u = \frac{1}{3}(x_1 + \omega x_3 + \omega^2 x_2) = v$$

$$(123)v = \frac{1}{3}(x_2 + \omega x_3 + \omega^2 x_1) = \omega^2 v$$

$$(132)v = \frac{1}{3}(x_3 + \omega x_1 + \omega^2 x_2) = \omega v$$

$$(12)v = \frac{1}{3}(x_2 + \omega x_1 + \omega^2 x_3) = \omega u$$

$$(13)v = \frac{1}{3}(x_3 + \omega x_2 + \omega^2 x_1) = \omega^2 u$$

$$(23)v = \frac{1}{3}(x_1 + \omega x_3 + \omega^2 x_2) = u$$

となっており，以下の性質が確認できる:

- $O(u) = O(v) = \{u, \omega u, \omega^2 u, v, \omega v, \omega^2 v\}, H_u = H_v = \{\mathbf{1}\}$ である．
- $O(uv) = \{uv\}, H_{uv} = S_3$，すなわち，$uv$ は S_3 の作用で不変である．
- $O(u^3) = O(v^3) = \{u^3, v^3\}, H_{u^3} = H_{v^3} = \{\mathbf{1}, (123), (132)\}, (12)u^3 = (13)u^3 = (23)u^3 = v^3$,
- $O(u^3 - v^3) = \{u^3 - v^3, -(u^3 - v^3)\}, H_{u^3-v^3} = \{\mathbf{1}, (123), (132)\}, 2\sqrt{R} = u^3 - v^3$

すなわち，カルダノの公式を導く過程で導入した $u, v, \sqrt{R}$ を

- 方程式の解を用いて表わし，
- 根の置換で u や v がどのように移されるかを調べる

と 2 次方程式のときと同様，$u, v, \sqrt{R}$ は置換の作用に関して特別な性質を満たしていることが分かる．例えば，一般の 3 変数の多項式 f については，$H_f = H_{f^3} = \{\mathbf{1}\}$ となることを考慮すれば，u, v の特殊性が分かる．また，$\{u^3, v^3\}$ への S_3 の作用は実質 $u^3 \mapsto u^3, v^3 \mapsto v^3$ と $u^3 \to v^3, v^3 \to u^3$ のみなので，2 文字の置換の作用と捉えることができる．したがって，$u^3 + v^3$ と $u^3 v^3$ は S_3 の作

用で不変である．ゆえに定理 6.2 から基本対称式で表わすことができる．実際，定義から $u^3 + v^3 = -b = s_3, (uv)^3 = -a^3/27 = -s_2^3/27$ が基本対称式による表現である．

カルダノの公式は "$x^3 = \alpha$" という形の方程式を解くステップと，もとの 3 次方程式から導かれる 2 次方程式を解くステップの 2 つのステップからなっている．前者は u, v という元を見つけること，後者は u^3, v^3 への S_3 の作用が実質，2 文字の置換とみなすことができることに対応している．これらをまとめると 3 次方程式の解の公式では，

S_3 の作用に対して，$\sharp O(f) = 2$ を満たす f を見いだし，3 次方程式の問題を 2 次方程式の問題に還元する

という手続きが重要になっていることが分かる．

問 7.1 （1） uv が S_3 の元で不変であることを確かめよ．
（2） $u^3 - v^3$ を x_1, x_2, x_3 の式と見て因数分解せよ．

7.2.3 4 次方程式の解の公式．

『代数学講義』第 6 章にならい，フェラーリ (Ferrari)，オイラー (Euler)，ラグランジュの解法について解説する．

フェラーリの解法 3 次方程式のとき同様，4 次方程式

$$x^4 + ax^3 + bx^2 + cx + d = 0$$

は $x = y - \frac{1}{4}a$ を代入すると左辺は，

$$y^4 + \left(-\frac{3}{8}a^2 + b\right)y^2 + \left(\frac{1}{8}a^3 - \frac{1}{2}ab + c\right)y + \left(-\frac{3}{256}a^4 + \frac{1}{16}a^2 b - \frac{1}{4}ac + d\right)$$

となって 3 次の項をなくすことができる．そこで，しばらくの間，x^3 の項のない 4 次方程式

$$x^4 + ax^2 + bx + c = 0$$

の解法について考えよう（この方程式の係数の a, b, c は最初の 4 次方程式の a, b, c と異なる新たな数とする）．新たな変数 λ を導入して上記の方程式の両辺

に $2\lambda x^2 + \lambda^2$ を加えると,
$$(x^2 + \lambda)^2 + ax^2 + bx + c = 2\lambda x^2 + \lambda^2$$
を得る．そこで両辺から $ax^2 + bx + c$ を引き，右辺の
$$(2\lambda - a)x^2 - bx + (\lambda^2 - c)$$
が平方式 $(mx+n)^2$ になるための条件を考える．このためには x の 2 次方程式とみて，判別式 $=0$ となる条件を求めればよく，したがって λ は
$$-4(\lambda^2 - c)(2\lambda - a) + b^2 = 0$$
の解とすればよいことが分かる[3]．この方程式は 3 次方程式なのでカルダノの公式を用いると解を求めることができる．この方程式の解の 1 つを λ_0 とおくと，
$$(x^2 + \lambda_0)^2 = (mx + n)^2.$$
したがって
$$x^2 + \lambda_0 = \pm(mx + n)$$
となって，この 2 次方程式を解けば解が得られる．ちなみに λ_0 の取り方に 3 通りある．ここでは，"ともかく解を求めることを目的としている" ので，λ_0 をどう選ぶかについては気にしてしないが，フェラーリの解法はかなり技巧的である．4 次方程式を解く問題を 3 次方程式に還元した点はカルダノの公式と同じだが，置換との関係は分かりにくそうにみえる．

オイラーの解法　フェラーリの解法と同様，ここでも 3 次の項のないタイプの方程式
$$x^4 + ax^2 + bx + c = 0$$
を考える．オイラーの解法ではカルダノの公式を導くときとよく似たアイデアを用いる．まず
$$x = u + v + w$$

---

[3] 2λ を変数としてまとめると，$(2\lambda)^3 - a(2\lambda)^2 - 4c(2\lambda) + 4ac - b^2 = 0$ となる．この方程式とそっくりな方程式が後で登場する．

とおくと，
$$x^2 = u^2 + v^2 + w^2 + 2(uv + vw + wu)$$
$$x^4 = (u^2 + v^2 + w^2 + 2(uv + vw + wu))^2$$
$$= (u^2 + v^2 + w^2)^2 + 4(u^2 + v^2 + w^2)(uv + vw + wu)$$
$$+ 4(u^2v^2 + v^2w^2 + w^2u^2) + 8uvw(u + v + w)$$

であり，これをもとの方程式に代入して整理すると

$$(u^2 + v^2 + w^2)^2 + 2\{2(u^2 + v^2 + w^2) + a\}(uv + vw + wu)$$
$$+ 4(u^2v^2 + v^2w^2 + w^2u^2)$$
$$+ a(u^2 + v^2 + w^2) + (8uvw + b)(u + v + w) + c = 0$$

を得る．したがって，もとの4次方程式の解を得るには連立方程式

$$2(u^2 + v^2 + w^2) + a = 0$$
$$8uvw + b = 0$$
$$(u^2 + v^2 + w^2)^2 + 4(u^2v^2 + v^2w^2 + w^2u^2)$$
$$+ a(u^2 + v^2 + w^2) + c = 0$$

を解けばよい．3番目の等式を1番目の等式を用いて簡略化すると上の3つの式は，

$$u^2 + v^2 + w^2 = -\frac{a}{2}$$
$$u^2v^2 + v^2w^2 + w^2u^2 = \frac{a^2}{16} - \frac{c}{4}$$
$$uvw = -\frac{b}{8}$$

となる．これは u^2, v^2, w^2 が3次方程式

$$t^3 + \frac{a}{2}t^2 + \left(\frac{a^2}{16} - \frac{c}{4}\right)t - \left(\frac{b}{8}\right)^2 = 0$$

の解であることを意味している．そこでカルダノの公式を用いて，この方程式を解き，その解を $\alpha_1, \alpha_2, \alpha_3$ とすると，

$$u = \pm\sqrt{\alpha_1}, \quad v = \pm\sqrt{\alpha_2}, \quad w = \pm\sqrt{\alpha_3}$$

を得る．ここでも符号の選び方が問題となるが条件 $uvw = -\frac{c}{8}$ に注意して符号を決めると以下のように 4 次方程式の解を得る．

$$x_1 = \sqrt{\alpha_1} + \sqrt{\alpha_2} + \sqrt{\alpha_3}, \quad x_2 = \sqrt{\alpha_1} - \sqrt{\alpha_2} - \sqrt{\alpha_3}$$
$$x_3 = -\sqrt{\alpha_1} + \sqrt{\alpha_2} - \sqrt{\alpha_3}, \quad x_4 = -\sqrt{\alpha_1} - \sqrt{\alpha_2} + \sqrt{\alpha_3}$$

を得る．逆に，x_1, x_2, x_3, x_4 を用いて u, v, w を表わすと

$$16u^2 = (x_1 + x_2 - x_3 - x_4)^2$$
$$16v^2 = (x_1 - x_2 + x_3 - x_4)^2$$
$$16w^2 = (x_1 - x_2 - x_3 + x_4)^2$$

となっている．

ラグランジュの解法　ラグランジュの解法は実質的にはオイラーの解法と同じである．ただし，4 文字の置換の解への作用を考えることで，オイラーの公式を得る際に導入した u, v, w の意味が明確になっている．ここでは 4 次方程式は

$$x^4 + ax^3 + bx^2 + cx + d = 0$$

のタイプ (つまり，一般形) を扱うものとする．上記の方程式の解を x_1, x_2, x_3, x_4 で表わす．3 次方程式のときと同様，4 次方程式の解と係数の間には，

$$x_1 + x_2 + x_3 + x_4 = -a$$
$$x_1 x_2 + x_1 x_3 + x_1 x_4 + x_2 x_3 + x_2 x_4 + x_3 x_4 = b$$
$$x_1 x_2 x_3 + x_1 x_2 x_4 + x_1 x_3 x_4 + x_2 x_3 x_4 = -c$$
$$x_1 x_2 x_3 x_4 = d$$

という関係式があることに注意しておく．この関係式は恒等的に成り立つ等式

$$(x - x_1)(x - x_2)(x - x_3)(x - x_4) = x^4 + ax^3 + bx^2 + cx + d$$

の両辺の係数を比較して得られる．定理 6.2 から，x_1, x_2, x_3, x_4 に関する対称式は a, b, c, d の多項式として表現できることに注意しておく．

ラグランジュの解法は，H_f が $V_4 := \{\mathbf{1}, (12)(34), (13)(24), (14)(23)\}$ を含むよ

うな多項式 f を見つけて，S_4 の作用を S_3 の作用に還元し，4 次方程式を解くことを 3 次方程式を解くことに帰着させることがポイントである．

オイラーの公式で出てきた u, v, w について置換の作用を見てみよう．u_1, u_2, u_3 は，以下のような 1 次式とする (オイラーの公式の u, v, w に他ならない)．

$$u_1 = (x_1 + x_2) - (x_3 + x_4)$$
$$u_2 = (x_1 + x_3) - (x_2 + x_4)$$
$$u_3 = (x_1 + x_4) - (x_2 + x_3)$$

V_4 の元で u_i は不変ではない．実際，u_1 に関しては，

$$(12)(34)u_1 = u_1, \quad (13)(24)u_1 = -u_1, \quad (14)(23)u_1 = -u_1$$

となって，$H_{u_1} \not\supset V_4$ である．とはいえ，高々符号が変わる程度である．V_4 が u_2, u_3 に関しても同様に作用することは簡単に確かめることができる．したがって，u_1^2, u_2^2, u_3^2 は V_4 の元で不変，すなわち，$H_{u_i^2} \supset V_4$ であることが分かる．実際各 $H_{u_i}, H_{u_i^2}$ を求めると，

$$H_{u_1} = \{\mathbf{1}, (12), (34), (12)(34)\},$$
$$H_{u_2} = \{\mathbf{1}, (13), (24), (13)(24)\},$$
$$H_{u_3} = \{\mathbf{1}, (14), (23), (14)(23)\}$$

であり，

$$H_{u_1^2} = \{\mathbf{1}, (12), (34), (12)(34), (13)(24), (14)(23), (1324), (1423)\},$$
$$H_{u_2^2} = \{\mathbf{1}, (13), (24), (12)(34), (13)(24), (14)(23), (1234), (1432)\},$$
$$H_{u_3^2} = \{\mathbf{1}, (14), (23), (12)(34), (13)(24), (14)(23), (1243), (1342)\}$$

である．命題 7.1 を用いると各 u_i, u_i^2 について $\sharp O(u_i) = 6, \sharp O(u_i^2) = 3$ であることが分かる．特に，$O(u_i^2) = \{u_1^2, u_2^2, u_3^2\}$ で，

$$u_2^2 = (23)u_1^2, \quad u_3^2 = (123)u_1^2$$

となっている．

問 7.2 $S_4 = H_{u_1^2} \cup (23) H_{u_1^2} \cup (123) H_{u_1^2}$ となっていることを示せ．また，

$H_{u_1^2} \cap (23)H_{u_1^2} = \varnothing, H_{u_1^2} \cap (123)H_{u_1^2} = \varnothing, (23)H_{u_1^2} \cap (123)H_{u_1^2} = \varnothing$ となっていることを確かめよ.

S_4 の集合 $\{u_1^2, u_2^2, u_3^2\}$ への作用を考えよう. $H_{u_1^2} \cap H_{u_2^2} \cap H_{u_3^2} = V_4$ なので, V_4 の元が $\{u_1^2, u_2^2, u_3^2\}$ に引き起こす置換はすべて恒等置換である. 一方, 置換 $\sigma \in S_4$ に対し, $\sigma V_4 := \{\sigma \tau \mid \tau \in V_4\} = \{\sigma, \sigma(12)(34), \sigma(13)(24), \sigma(14)(23)\}$ とおくと,

$$S_4 = V_4 \cup (12)V_4 \cup (13)V_4 \cup (23)V_4 \cup (123)V_4 \cup (132)V_4$$

となっていることが分かる.

問 7.3 上記の等式を確かめよ.

σV_4 の任意の元は $\sigma \tau$ ($\tau \in V_4$) と書ける. $(\sigma \tau)u_i^2 = \sigma(\tau u_i^2) = \sigma u_i^2$ であるから, S_4 が $\{u_1^2, u_2^2, u_3^2\}$ に引き起こす置換は $S_3 = \{\mathbf{1}, (12), (13), (23), (123), (132)\}$ が引き起こす置換と一致する. S_3 の $\mathbf{1}$ 以外の作用を実際に書き下すと

$$\begin{aligned}
(12) &: u_1^2 \mapsto u_1^2, u_2^2 \mapsto u_3^2, u_3^2 \mapsto u_2^2 \\
(13) &: u_1^2 \mapsto u_3^2, u_2^2 \mapsto u_2^2, u_3^2 \mapsto u_1^2 \\
(23) &: u_1^2 \mapsto u_2^2, u_2^2 \mapsto u_1^2, u_3^2 \mapsto u_3^2 \\
(123) &: u_1^2 \mapsto u_3^2, u_2^2 \mapsto u_1^2, u_3^2 \mapsto u_2^2 \\
(132) &: u_1^2 \mapsto u_2^2, u_2^2 \mapsto u_3^2, u_3^2 \mapsto u_1^2
\end{aligned}$$

であり, 集合 $\{u_1^2, u_2^2, u_3^2\}$ の元の置換がすべて現れている. したがって, $u_1^2 + u_2^2 + u_3^2, u_1^2 u_2^2 + u_1^2 u_3^2 + u_2^2 u_3^2, u_1^2 u_2^2 u_3^2$ を考えるとこれらは, S_4 で不変, すなわち x_1, x_2, x_3, x_4 の対称式であることが分かる. なお, $u_1 u_2 u_3$ は 2 乗せずとも x_1, x_2, x_3, x_4 の対称式であることが簡単に確認できる.

問 7.4 $u_1 u_2 u_3$ が S_4 で不変であることを直接計算で確かめよ.

定理 6.2 および解と係数の関係より, $u_1^2 + u_2^2 + u_3^2, u_1^2 u_2^2 + u_1^2 u_3^2 + u_2^2 u_3^2, u_1 u_2 u_3$ は a, b, c, d を用いて表わすことができる. 実際, $A = u_1^2 + u_2^2 + u_3^2, B = u_1^2 u_2^2 + u_1^2 u_3^2 + u_2^2 u_3^2, C = u_1 u_2 u_3$ とおくと,

$$A = 3a^2 - 8b$$

$$B = 3a^4 - 16a^2b + 16ac + 16b^2 - 64d$$
$$C = -4ab + a^3 + 8c$$

であることが分かる[4]．

さて，3次方程式

$$t^3 - At^2 + Bt - C^2 = 0$$

を解いて，その解を t_1, t_2, t_3 とおくと，

$$u_1 = \pm\sqrt{t_1} \quad u_2 = \pm\sqrt{t_2} \quad u_3 = \pm\sqrt{t_3}$$

である．オイラーの解法で説明したときと同様，各符号は $C = u_1 u_2 u_3$ を満たすように定めるものとする．符号をうまく選んで，

$$\sqrt{t_1} = (x_1 + x_2) - (x_3 + x_4)$$
$$\sqrt{t_2} = (x_1 + x_3) - (x_2 + x_4)$$
$$\sqrt{t_3} = (x_1 + x_4) - (x_2 + x_3)$$

とおけば，$-a = x_1 + x_2 + x_3 + x_4$ とあわせて，

$$4x_1 = -a + \sqrt{t_1} + \sqrt{t_2} + \sqrt{t_3}$$
$$4x_2 = -a + \sqrt{t_1} - \sqrt{t_2} - \sqrt{t_3}$$
$$4x_3 = -a - \sqrt{t_1} + \sqrt{t_2} - \sqrt{t_3}$$
$$4x_4 = -a - \sqrt{t_1} - \sqrt{t_2} + \sqrt{t_3}$$

を得る．こうしてみると結果はオイラーの解法と同じである．違いは，オイラーの公式のテクニックを S_4 の部分群に関する不変元という観点で説明できる点にある．

ここまでみてきた u_1, u_2, u_3 以外の多項式についても同様なことがいえないか考えてみよう．

V_4 で不変な3つの多項式として例えば

---

[4] この表現を得るには，注意 6.3 で述べた方法を用いる．手計算は大変なので数式処理ソフトで確かめてみることをおすすめする．

$$\begin{cases} y_1 = x_1x_2 + x_3x_4 \\ y_2 = x_1x_3 + x_2x_4 \\ y_3 = x_1x_4 + x_2x_3 \end{cases}$$

がとれる．すると，$O(y_i) = \{y_1, y_2, y_3\}$ が各 y_i について成立し，

$$H_{y_1} = \{\mathbf{1}, (12), (34), (12)(34), (13)(24), (14)(23), (1324), (1423)\},$$

$$H_{y_2} = \{\mathbf{1}, (13), (24), (12)(34), (13)(24), (14)(23), (1234), (1432)\},$$

$$H_{y_3} = \{\mathbf{1}, (14), (23), (12)(34), (13)(24), (14)(23), (1243), (1342)\}.$$

で，$H_{y_1} \cap H_{y_2} \cap H_{y_3} = V_4$ となっている．したがって，集合 $\{y_1, y_2, y_3\}$ 上に S_4 を作用させると，S_4 の作用は 3 文字 y_1, y_2, y_3 の置換に一致する．

問 7.5 S_4 の集合 $\{y_1, y_2, y_3\}$ 上の作用をすべて書き下せ．

ゆえに，$y_1 + y_2 + y_3$, $y_1y_2 + y_2y_3 + y_3y_1$, $y_1y_2y_3$ は S_4 で不変である．したがって，定理 6.2 および解と係数の関係より，a, b, c, d で表わすことができる．実際

$$y_1 + y_2 + y_3 = b$$

$$y_1y_2 + y_2y_3 + y_3y_1 = ac - 4d$$

$$y_1y_2y_3 = a^2d + c^2 - 4bd$$

である．3 次方程式の解と係数の関係から y_1, y_2, y_3 は 3 次方程式

$$y^3 - by^2 + (ac - 4d)y - a^2d - c^2 + 4bd = 0$$

の解であることが分かる．この 3 次方程式を解き，$x_1 + x_2 + x_3 + x_4 = -a$ を合わせて連立方程式

$$\begin{cases} y_1 = x_1x_2 + x_3x_4 \\ y_2 = x_1x_3 + x_2x_4 \\ y_3 = x_1x_4 + x_2x_3 \\ -a = x_1 + x_2 + x_3 + x_4 \end{cases}$$

を解けば根 x_1, x_2, x_3, x_4 を求めることができる．ただし，最後の連立方程式は

u_1, u_2, u_3 に較べると解くのは難しそうに見える.

ところで, もとの 4 次方程式で $a = 0$ のとき, 上記の y に関する 3 次方程式は

$$y^3 - by^2 - 4dy + 4bd - c^2 = 0$$

となる. $y = 2\lambda$ とおくと, フェラーリの公式を導くときに導入した λ が満たすべき方程式になっている[5]. 結局, この場合は実質的にはフェラーリの解法であることが分かる. このように, フェラーリの公式を導くテクニックも S_4 の部分群にする不変元という視点から説明がつくのである.

7.3 解の公式に現れるベキ根の性質

ここまで, 2,3,4 次方程式の解の公式について述べてきた. これらの公式に現れるベキ根についてまとめ直しておこう.

2 次方程式. 2 次方程式 $x^2 + ax + b = 0$ の解を x_1, x_2 とおくと, x_1, x_2 は

$$\frac{-b \pm \sqrt{a^2 - 4b}}{2}$$

であり, 符号をうまく選ぶと $\sqrt{a^2 - 4b} = x_1 - x_2$ である. さらに, $H_{x_1-x_2} = \{\mathbf{1}\}, H_{(x_1-x_2)^2} = \{\mathbf{1}, (12)\}$ となっている.

3 次方程式. 3 次方程式 $x^3 + ax + b = 0$ の解を x_1, x_2, x_3 とおくと,

$$R = \frac{b^2}{4} + \frac{a^3}{27} = -\frac{1}{108}\{(x_1 - x_2)(x_2 - x_3)(x_3 - x_1)\}^2$$

で, 右辺は $x_1 + x_2 + x_3 = 0$ を考慮して x_3 を消去すると,

$$\{(x_1 - x_2)(2x_1 + x_2)(2x_2 + x_1)\}^2$$

である. また, 符号をうまく選べば

$$\sqrt{\frac{b^2}{4} + \frac{a^3}{27}} = \sqrt{-\frac{1}{108}}(x_1 - x_2)(x_2 - x_3)(x_3 - x_1)$$

である. $H_{\sqrt{R}} = \{\mathbf{1}, (123), (132)\}, H_R = S_3$ となっていることにも注意しよう. $3u = x_1 + \omega^2 x_2 + \omega x_3$ については, 3 次方程式のところで確かめたように, $H_{3u} =$

---

[5] フェラーリの解法での脚注参照. ここでは対応する 4 次方程式が $x^4 + bx^2 + cx + d = 0$ であることに注意.

$\{\mathbf{1}\}, H_{(3u)^3} = \{\mathbf{1}, (123), (132)\}$ である.

4 次方程式. ラグランジュの解法で定義した各 u_i について, u_1^2, u_2^2, u_3^2 を解に持つ 3 次方程式について上述の R や $3u$ を考えれば, $H_{\sqrt{R}}, H_{3u}$ 等が求まる.

4 次以下の方程式では, 解の公式を求めるのに必要な n 乗根は

- すべて解を変数とする多項式 (より一般に有理式) f で表わされ
- この f について, H_f は H_{f^n} に真に含まれる

という性質を満たしている. さらに,

- $\sharp O(f^n)$ がもとの方程式の次数より低くなっている.
- $O(f^n)$ の元全体を解とするより低次の方程式を解き, それらの解の n 乗根を用いて方程式の解が得られている.

同様なことを 5 次の方程式に対して行おうとしても S_4 と S_5 の間にはその構造に大きな差があり, "幸運は 4 次までで, 5 次以上では不可能である" ということが分かっている. この事実から "5 次以上の代数方程式の解を方程式の係数の n 乗根のみを用いて表わすことは一般に不可能である", つまり "5 以上の方程式には解の公式がない[6]" が得られる. 本書ではこれ以上深く立ち入らないが, くわしく知りたい読者は, 例えば高木貞治著『代数学講義』第 7 章を参照されたい.

---

[6] この言い方はかなり乱暴で誤解を招きやすいことに注意. 解が存在しないわけではない.

第 8 章

微分と積分

8.1 微分は何の役に立つのか

　まず始めに，微分を学んで何の役に立つのかという疑問に対して，役に立つ例を挙げることから始める．

　物事を理解するのに分析という手法がある．物事を細かく分けて調べると，その小さい世界で成り立つ法則が簡単になり，物事の本質がつかめる場合が多い．(科学に携わる人々は「自然は単純である」というドグマを持っていることが多い)．このように，細かく分けて調べることを分析という．分析という言葉からは実験での化学分析をイメージしがちだが，経済学のような社会科学から，物理学や数学まで，幅広く科学全般によく使われる手法である．日本語の「分かる」の語源は「分ける」と言われている．すなわち，細かく分けるだけで理解できる場合が多いのである．

　例えば，ある複雑な関数がどこで最大値や最小値をとるかを知りたいとしよう．今はコンピュータがあるので，コンピュータを使えばよいとも思われるが，コンピュータは連続な値を出力することはできず，飛び飛び (離散的) な値を出力する．したがって，本当に正しい結果が得られるかは必ずしも明らかではない．また，多変数の関数の場合には，計算時間もかかる．関数は連続で折れ曲がっていない場合を考えるのが普通なので，このときは分析，すなわち微分の手法を使う．微分可能な関数なら，微分係数が正なら単調増大，負なら単調減少であり，最大値や最小値を取る点では，微分係数が 0 になる．したがって，微分係数が 0 となる点での関数値のうちの最大値・最小値が全体の最大値・最小値の候補となる．これらの値と，考えている領域の端の点での関数の値も考慮に入れた中から最大値・最小値を求める．例えば，$0 \leq x \leq 5$ の領域で関数 $f(x) = x^4 - 8x^3 + 18x^2 - 16x + 20$ の最小値とそのときの x の値を求める問題を考えよう．$f(x)$ を x で微

分して 0 とおくと，$4x^3 - 24x^2 + 36x - 16 = 4(x-1)^2(x-4) = 0$ となるので，$x = 1$, $x = 4$ が解の候補である．領域の端も考えて，$f(0)$, $f(1)$, $f(4)$, $f(5)$ のうちから最小のものを選ぶと，$x = 4$ で最小値 $f(4) = -12$ をとることが分かる．

このように，微分可能性を仮定し，微分の手法を用いて，微分係数が 0 の点での関数の値と微分係数が正負の領域を調べることにより，全体の大きな部分の振る舞いが分かることになる．

工学のいろいろな分野や物理や数学では，ものの形やその性質，または粒子が描く軌道の形など，図形とその性質を調べるのにこの微分の手法がよく使われる．上で述べた関数の最大値・最小値の問題は，高校では，関数のグラフの最大値・最小値のように図形的な直感的な問題にして説明することが多い．このように図形やその性質を微分の手法を使って調べる分野を解析幾何という．これは，定規とコンパスでは描けない，例えば放物線の形や性質などを調べるのに有用である[1]．

8.2 微分係数と微分商

極限や微分の厳密な定義は他のテキスト (巻末の参考文献参照) に譲るとして，ここでは，後の節で必要な準備を行うことにする．

関数 $f(x)$ の点 x において，次の極限

$$\lim_{h \to 0} \frac{f(x+h) - f(x)}{h} \tag{8.1}$$

が存在するとき，その値を $f(x)$ の点 x における微分係数とよび，$\dfrac{df(x)}{dx}$ や $f'(x)$ で表わす．$f'(x)$ を求めることを，$f(x)$ を x において微分するという．また，$f'(x)$ を x の関数とみなして，$f(x)$ の導関数とよび f' や $\dfrac{df}{dx}$ と書く．

微分の 1 つの見方は，x の無限小変化に対する関数の無限小変化の割合を

$$\frac{df(x)}{dx} = \frac{d}{dx} \cdot f(x) \tag{8.2}$$

---

[1] 放物線は古代ギリシャでは円錐曲線の 1 つとして扱うことができたが，それを自在に扱えたのはアポロニウスやアルキメデスという一部の天才だけであった．

のように，$\dfrac{d}{dx}$ を関数に作用させて微分係数を求めることと考えるものである[2]．例えば，関数のグラフの場合には，点 x で微分するというのはその点での接線の傾きを求めることと考える．

もう 1 つの見方は，$df(x)$ と dx との商 (微分商) と考えることである．h を任意の数として，関数 $f(x)$ の**微分** $df(x)$ を

$$df(x) = f'(x)h \tag{8.3}$$

と定義する．h が小さな値のときには，$df(x)$ は $f(x+h) - f(x)$ に近い値となる．$f(x) = x$ のときには $f'(x) = 1$ であるから，(8.3) より $dx = h$ となるので，これを (8.3) に代入して

$$df(x) = f'(x)dx \tag{8.4}$$

となる．すなわち，

$$f'(x) = \frac{df(x)}{dx} = df(x) \div dx \tag{8.5}$$

のように，$df(x)$ と dx の商と考えるのである．これは，微分方程式を解く際に特に有用である．

微分の記号 $\dfrac{df(x)}{dx}$ はライプニッツの発明であるが，この 2 番目の見方での扱いは，実際に微分方程式を解くときに非常に便利である[3]．

8.3 微分の有用な公式

微分の定義から，微分を使う際に便利ないろいろな公式が導かれるが，ここでは後でよく使う公式だけを説明することにする．

---

[2] このように，関数に作用して新しい関数を作り出すものを，演算子，または作用素とよぶ．$\dfrac{d}{dx}$ は微分するという演算子なので，微分演算子とよばれる．

[3] 置換積分によって，この扱いは数学的にも正当化される．

> **＜コーヒー・ブレイク＞**
>
> ニュートンとライプニッツ
>
> 　微積分学は，ニュートン (1642-1727) とライプニッツ (1646-1716) が独立に発見したといわれている．曲線の接線を求める問題はフェルマーやデカルトがすでに扱っており，ニュートンの先生であるバローも，曲線に囲まれた面積を求める方法や曲線に接線を引く方法として，微分学と積分学を別々の学問として取り扱っていた．この微分と積分が逆演算であると気がついたのが微積分学の発見である．学問の統一ということでは，電気学と磁気学とが独立してあったのを，マクスウェルが電磁気学として統一したのに似ている．ニュートンが微積分学を発見したのは，ペストが流行って田舎に帰っていた 1666 年のことである．この年は奇跡の年といわれており，ニュートンは万有引力の法則と無色の自然光がいろいろな色の光に分解できることも発見している．ニュートンは，運動する点の座標の時間的変化を「流率」と考えることにより，「流率法」を生み出したが，これは時間に関する位置座標の微分に他ならない．しかし，その考え方が分かりにくかったことや，ニュートンが秘密主義者だったこともあり，微分法の発見はニュートンが先だが，後継者はあまり育たなかった．
>
> 　一方ライプニッツは哲学者でもあり，記号論理学にも興味を持っていて，記号にも工夫を凝らした．現在使われている微積分の記号はライプニッツの発明になるものである．ライプニッツの後継者にはベルヌイ家の人々やオイラーという大数学者がおり，微積分学は主にヨーロッパ大陸で大きく発展した．

8.3.1　合成関数，関数の積，関数の商の微分

　微分を微分商と考えて，合成関数 $f(g(x))$ の x の微分を考える．そこで，$z = f(y), y = g(x)$ とおくと，$\dfrac{df(g(x))}{dx} = \dfrac{dz}{dx} = \dfrac{dz}{dy}\dfrac{dy}{dx}$ となる．すなわち合成関数の微分では，次のチェインルール

$$\frac{df(g(x))}{dx} = \left.\frac{df(y)}{dy}\right|_{y=g(x)} \frac{dg(x)}{dx} \tag{8.6}$$

が成り立つ．ここで，$\left.\dfrac{df(y)}{dy}\right|_{y=g(x)}$ は，$f'(y)$ の y に $g(x)$ を代入したもの，すなわち，$f'(g(x))$ を表わす．

また，微分の定義から，$f(x)g(x)$ という関数の積の微分は，

$$f(x+h)g(x+h) - f(x)g(x) = (f(x+h) - f(x))g(x+h) + f(x)(g(x+h) - g(x))$$

を用いて，

$$\frac{d}{dx}(f(x)g(x)) = \frac{df(x)}{dx}g(x) + f(x)\frac{dg(x)}{dx} \tag{8.7}$$

となることが分かる．

同様に，$g(x) \neq 0$ として，関数の商 $\dfrac{f(x)}{g(x)}$ の微分は，次のように計算する．関数の積の微分の公式 (8.7) で $g(x)$ を $\dfrac{1}{g(x)}$ で置き換えて，合成関数の微分を使う．$y = g(x)$ とおくと，

$$\frac{d}{dx}\left(\frac{1}{g(x)}\right) = \frac{d}{dx}\left(\frac{1}{y}\right) = \frac{dy}{dx}\frac{d}{dy}\left(\frac{1}{y}\right) = -\frac{dy}{dx}\frac{1}{y^2} = -\frac{g'(x)}{g(x)^2}$$

となるので，

$$\frac{d}{dx}\left(\frac{f(x)}{g(x)}\right) = \frac{f'(x)g(x) - f(x)g'(x)}{g(x)^2} \tag{8.8}$$

が成り立つ．

8.3.2 高次の導関数

関数 $f(x)$ の導関数 $f'(x)$ が x で微分可能なとき，その微分係数を $f''(x)$ と書き，f の x における第 2 次微係数とよぶ．一般に，$f(x)$ の第 $(n-1)$ 次の導関数 $f^{(n-1)}$ が x において微分可能であるとき，$f(x)$ は x において n 回微分可能であるといい，$f^{(n)}(x)$ を f の第 n 次の微係数という．また，$f^{(n)}(x)$ を x の関数として見るとき，f の第 n 次の導関数とよぶ．

8.3.3 テイラー展開

微分の定義で $h = x - x_0$ とおき,$x - x_0$ は小さいとすると,$f'(x_0) \approx \dfrac{f(x) - f(x_0)}{x - x_0}$ と考えれば,$f(x) - f(x_0) \approx f'(x_0)(x - x_0)$ より $f(x) \approx f(x_0) + f'(x_0)(x - x_0)$ となる[4]. $(x - x_0)$ の高次の項も取り入れて,さらによい近似的な関数形を求めるために,$f(x)$ が多項式で近似できると仮定して[5],$f(x) = a_0 + a_1(x - x_0) + a_2(x - x_0)^2 + \cdots + a_n(x - x_0)^n + \cdots$ とすると,両辺を 0 回,1 回,$\cdots$,n 回微分して $x = x_0$ とおくことにより,$a_0 = f(x_0)$,$a_1 = f'(x_0)$,$a_n = \dfrac{f^{(n)}(x_0)}{n!}$ と求まる. すなわち,次のテイラー展開の公式

$$\begin{aligned} f(x) &= f(x_0) + f'(x_0)(x - x_0) + \frac{f''(x_0)}{2!}(x - x_0)^2 + \cdots \\ &\quad + \frac{f^{(n)}(x_0)}{n!}(x - x_0)^n + \cdots \end{aligned} \tag{8.9}$$

が得られる[6].

8.4 簡単な関数の微分

8.4.1 多項式の微分

まず,a_0 を定数として,定数値関数 $y = a_0$ の微分が 0 であることは,定義から明らかである.

$$\frac{d}{dx} a_0 = 0. \tag{8.10}$$

多項式の微分は 2 項定理を用いて求めることができる.n を自然数とすると,$(x + h)^n = x^n + n x^{n-1} h + O(h^2)$ である. ここで,$O(h^2)$ は,$h \to 0$ のとき,h^2 と同じように 0 になる量を表わす. つまり,それを h^2 で割った量が,$h \to 0$ のとき有限になる. したがって,$\dfrac{(x + h)^n - x^n}{h} = n x^{n-1} + O(h)$ となり,

---

[4] ここで,$\approx$ は 2 つの値がほとんど等しいという意味である.
[5] 厳密な議論は参考文献を見よ.
[6] ただし,一般に右辺は無限級数となるので,収束性を吟味する必要がある.

$$\frac{dx^n}{dx} = nx^{n-1} \tag{8.11}$$

が導かれる．一般に，$a_0, a_1, \cdots, a_n$ を定数とすると，

$$\frac{d(a_0 + a_1 x + a_2 x^2 \cdots + a_n x^n)}{dx} = a_1 + 2a_2 x + \cdots + na_n x^{n-1} \tag{8.12}$$

となる．

例えば，$f(x) = x^3 + x^2 + x + 1$ を $x = 1$ の周りでテイラー展開してみると，

$$\begin{aligned}
\left.\frac{df(x)}{dx}\right|_{x=1} &= (3x^2 + 2x + 1)|_{x=1} = 6, \\
\left.\frac{d^2 f(x)}{dx^2}\right|_{x=1} &= (6x + 2)|_{x=1} = 8, \\
\left.\frac{d^3 f(x)}{dx^3}\right|_{x=1} &= 6, \\
\frac{d^n f(x)}{dx^n} &= 0, \ (n \geq 4)
\end{aligned}$$

となる．よって

$$\begin{aligned}
f(x) &= f(1) + f'(1)(x-1) + f''(1)\frac{(x-1)^2}{2!} + f'''(1)\frac{(x-1)^3}{3!} \\
&= 4 + 6(x-1) + 4(x-1)^2 + (x-1)^3
\end{aligned}$$

となる．もちろん，最後の結果を展開すれば，元の $f(x) = x^3 + x^2 + x + 1$ が得られる．

問 8.1 次の関数を微分せよ．
(1) $(x^3 + 2x^2 + 5)^6$ (2) $(2x^2 + 3x + 2)(x^3 + 4x + 4)$

8.4.2 指数関数の微分

一般の指数関数の微分を考える前に，特別な値 e (ネイピア数，自然対数の底等とよばれる) の指数関数の微分を考える．e の定義は

$$e = \lim_{N \to \infty} \left(1 + \frac{1}{N}\right)^N \tag{8.13}$$

で与えられる．e の値は $e \approx 2.71828$ である．さて，ここでは，正の実数の実数ベキがすでに定義されているものとして話を進める．x を任意の実数として，$y = e^x$ を考える．この特別な指数関数の微分を計算すると，

$$\frac{de^x}{dx} = \lim_{h \to 0} \frac{e^{x+h} - e^x}{h} = e^x \lim_{h \to 0} \frac{e^h - 1}{h}$$

となる．したがって，$\lim_{h \to 0} \frac{e^h - 1}{h}$ が求まればよい．そこで，$e^h = 1 + \frac{1}{N}$ とおく．指数関数の連続性より，$e^0 = 1$ より，$h \to 0$ で $N \to \infty$ となる．また，$h = \log_e \left(1 + \frac{1}{N}\right)$ となり，

$$\lim_{h \to 0} \frac{e^h - 1}{h} = \lim_{N \to \infty} \frac{1}{N \log_e (1 + \frac{1}{N})}$$
$$= \lim_{N \to \infty} \frac{1}{\log_e (1 + \frac{1}{N})^N} = \frac{1}{\log_e e} = 1$$

となるので，

$$\frac{de^x}{dx} = e^x \tag{8.14}$$

が得られる．

任意の正の数 a の指数関数 a^x の微分は，$a^x = e^{x \log_e a} = e^{kx}$ $(k \equiv \log_e a)$ であるから，特別な指数関数 e^x の微分を用いて計算する．$\frac{de^{kx}}{dx} = ke^{kx}$ であるから，合成関数の微分を使い，

$$\frac{da^x}{dx} = \frac{de^{kx}}{dx} = ke^{kx} = (\log_e a) \, a^x \tag{8.15}$$

となる．

また，e^x の $x = 0$ の周りのテイラー展開は，$\left.\frac{d^n}{dx^n} e^x\right|_{x=0} = \left.e^x\right|_{x=0} = 1$ を用いて，

$$e^x = 1 + x + \frac{x^2}{2!} + \frac{x^3}{3!} + \cdots + \frac{x^n}{n!} + \cdots \tag{8.16}$$

となる[7]．この公式で $x=1$ を代入すると $e = 1 + 1 + \dfrac{1}{2} + \dfrac{1}{6} + \cdots$ となるが，有限個の和を計算することにより，e の近似値が求まる．

問 8.2 次の関数を微分せよ．
（1） e^{2x} 　　（2） $(x^2 + 3x + 4)e^{3x}$

8.4.3 対数関数の微分

任意の正の数 a を底とする対数関数 $\log_a x$ は $x > 0$ で定義されており，底が特別な値 e の場合の対数関数を用いて $\log_a x = \dfrac{\log_e x}{\log_e a}$ と表わされる．なぜなら，$z = \log_a x$ とおくと $x = a^z$ が成り立ち，e を底とする両辺の対数をとると，$\log_e x = \log_e a^z = z \log_e a$ が成り立つので，$z = \log_a x = \dfrac{\log_e x}{\log_e a}$ となるからである．そこで $\log_e x$ の微分が求まればよい．$y = \log_e x$ とおくと，これは $x = e^y$ と同じ内容なので，合成関数の微分の公式を用いて，

$$\frac{dx}{dx} = 1 = \frac{de^y}{dx} = \frac{de^y}{dy}\frac{dy}{dx} = e^y\frac{dy}{dx} = x\frac{dy}{dx}$$

となるから，$x > 0$ のとき $\dfrac{dy}{dx} = \dfrac{d\log_e x}{dx} = \dfrac{1}{x}$ となる．同様にして，$\log_e(-x)$ は $x < 0$ のときに定義されており，$x < 0$ のとき $\dfrac{d\log_e(-x)}{dx} = \dfrac{1}{x}$ が成り立つので，まとめると，$x \neq 0$ のとき，

$$\frac{d\log_e |x|}{dx} = \frac{1}{x} \tag{8.17}$$

となる．したがって，$\log_a |x|$ の微分は

$$\frac{d\log_a |x|}{dx} = \frac{1}{\log_e a}\frac{1}{x} \tag{8.18}$$

となる．底が特別な e のときの対数関数 $\log_e x$ は $\ln x$ とも記述される．

α が任意の実数の場合には，$x^\alpha = e^{\alpha \log_e x}$ と書けるので，対数関数の微分を使うと，$\dfrac{dx^\alpha}{dx} = \dfrac{de^{\alpha \log_e x}}{dx} = x^\alpha \dfrac{\alpha}{x} = \alpha x^{\alpha - 1}$ が成り立ち，

[7) これは，任意の x について成立する．

$$\frac{dx^\alpha}{dx} = \alpha x^{\alpha-1} \tag{8.19}$$

となる.

(8.17) を用いて, $\ln(1+x)$ の $x=0$ の周りのテイラー展開を求めてみよう. ここで, $x > -1$ である.

$$\left.\frac{d\ln(1+x)}{dx}\right|_{x=0} = \left.\frac{1}{1+x}\right|_{x=0} = 1,$$

$$\left.\frac{d^n \ln(1+x)}{dx^n}\right|_{x=0} = \left.\frac{d^{n-1}}{dx^{n-1}} \frac{1}{1+x}\right|_{x=0}$$

$$= \left.(-1)^{n-1}\frac{(n-1)!}{(1+x)^n}\right|_{x=0} = (-1)^{n-1}(n-1)!$$

より

$$\ln(1+x) = x - \frac{x^2}{2} + \frac{x^3}{3} - \frac{x^4}{4} + \cdots \tag{8.20}$$

となる[8].

また, 例えば, $x > 0$ として, $f(x) = x^x$ というような変わった関数の微分を求めてみよう. $f(x) = x^x = e^{x\ln x}$ なので, $X = x\ln x$ とおくと,

$$\frac{df(x)}{dx} = \frac{de^X}{dX}\frac{dX}{dx} = e^X(\ln x + 1) = x^x(1 + \ln x)$$

となる.

問 8.3 次の関数を微分せよ.

（1） $\log_{10} x$ （2） $x\log_e(x^2 + 2x + 4)$ （3） $\dfrac{x+2}{(x^2+3x+4)^3}$

8.4.4 三角関数の微分

三角関数の微分は, 三角関数の加法定理 $\sin(x+y) = \sin x \cos y + \cos x \sin y$ および, h が $\dfrac{\pi}{2}$ より小さい正の数のときの不等式

$$0 < \sin(h) < h < \tan(h)$$

---

[8] これは, $-1 < x \leq 1$ で成立する.

を用いて求めることができる．この不等式は，半径 1 の円において，図 8.1 のように点 O, A, B, C をとるとき，三角形 OAB，中心角 h の扇型，および三角形 OAC の面積を比較することにより得られる．これより，$h \to 0$ のとき，$\dfrac{\sin(h)}{h} \to 1$ が導かれる．比の値は，h が負の時も同じなので，任意の h について，$h \to 0$ のとき，$\dfrac{\sin(h)}{h} \to 1$ となる．また，$h \to 0$ のとき，

$$\frac{\cos(h)-1}{h} = -\frac{2\sin^2(h/2)}{h} = -\frac{\sin(h/2)}{h/2}\cdot\sin(h/2) \to 0$$

となる．これらを用いると，$\sin(x+h) - \sin x = \sin x\,(\cos(h)-1) + \cos x \sin(h)$ より，

$$\frac{d\sin x}{dx} = \lim_{h\to 0}\frac{\sin(x+h)-\sin x}{h} = \cos x$$

すなわち

$$\frac{d}{dx}\sin x = \cos x \tag{8.21}$$

となる．一方，$\cos(x) = \sin\left(\dfrac{\pi}{2}-x\right)$ であるから，

$$\frac{d}{dx}\cos x = \frac{d}{dx}\sin\left(\frac{\pi}{2}-x\right) = -\cos\left(\frac{\pi}{2}-x\right) = -\sin x \tag{8.22}$$

となる．

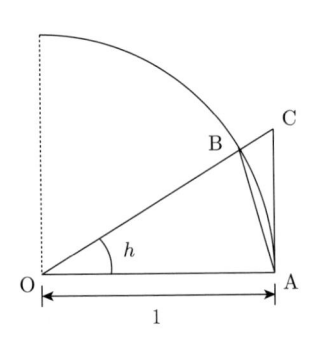

図 8.1

そこで，例えば $\sin x$ と $\cos x$ の $x = 0$ の周りのテイラー展開を求めてみよう．

$$\left.\frac{d^{2n}\sin x}{dx^{2n}}\right|_{x=0} = (-1)^n \sin x\Big|_{x=0} = 0,$$

$$\left.\frac{d^{2n+1}\sin x}{dx^{2n+1}}\right|_{x=0} = (-1)^n \cos x\Big|_{x=0} = (-1)^n,$$

$$\left.\frac{d^{2n}\cos x}{dx^{2n}}\right|_{x=0} = (-1)^n \cos x\Big|_{x=0} = (-1)^n,$$

$$\left.\frac{d^{2n+1}\cos x}{dx^{2n+1}}\right|_{x=0} = (-1)^{n+1} \sin x\Big|_{x=0} = 0$$

を用いて

$$\sin x = x - \frac{x^3}{3!} + \frac{x^5}{5!} + \cdots = \sum_{n=0}^{\infty} (-1)^n \frac{x^{2n+1}}{(2n+1)!},$$

$$\cos x = 1 - \frac{x^2}{2!} + \frac{x^4}{4!} + \cdots = \sum_{n=0}^{\infty} (-1)^n \frac{x^{2n}}{(2n)!}$$

となる[9]．

問 8.4 次の関数を微分せよ．

(1) $x\cos(x^2+1)$ (2) $\tan x$ (3) $\dfrac{\sin(2x)}{x^3+4}$

8.4.5 逆関数とその微分

$y = f(x)$ がある区間 I でその値域と 1 対 1 対応があるとき，逆関数 $x = g(y)$ が定義できる．このとき，$y = f(x)$ が x に関して微分可能なら $x = g(x)$ も y に関して微分可能で，次式が成り立つ．

$$f'(x)g'(y) = 1, \quad \text{すなわち，} \quad \frac{dy}{dx}\frac{dx}{dy} = 1. \tag{8.23}$$

これは $y = f(x) = f(g(y))$ に合成関数の微分法 (8.6) を適用して導かれる．例えば，$y = \sin x$ は $I = \left[-\dfrac{\pi}{2}, \dfrac{\pi}{2}\right]$ で値域 $J = [-1, 1]$ と 1 対 1 に対応するから，逆関数が定義できるが，それを $x = \sin^{-1} y$ あるいは $x = \arcsin y$ と書く．ここで，

---

[9] これらは，任意の x について成り立つ．

変数を入れ替えて，関数 $y = \sin^{-1} x$ について考える．このとき，$x = \sin y$ となる．(8.23) より，$-1 < x < 1$ のとき，

$$\frac{d}{dx}\sin^{-1} x = \frac{1}{\frac{dx}{dy}} = \frac{1}{\cos y} = \frac{1}{\sqrt{1-x^2}} \tag{8.24}$$

となる．同様にして，$[0, \pi]$ における $y = \cos x$ の逆関数 $y = \cos^{-1} x$ や $\left(-\frac{\pi}{2}, \frac{\pi}{2}\right)$ における $y = \tan x$ の逆関数 $y = \tan^{-1} x$ が定義される[10]．

問 8.5 次の関数を微分せよ．
(1) $y = \cos^{-1} x$ ただし，$-1 < x < 1$ で，値域は $(0, \pi)$
(2) $y = \tan^{-1} x$ ただし，$-\infty < x < \infty$ で，値域は $\left(-\frac{\pi}{2}, \frac{\pi}{2}\right)$

8.5 微分と積分との関係

8.5.1 積分は何の役に立つのか

社会科学を含めた科学一般でよく使われる手法として，分析という手法を説明したが，ここでいう分析という手法は，微分の手法であった．この分析に対して，方向性としては逆の，科学でよく使われる手法が総合という手法で，小さなレベルのものを寄せ集めたものとして物事を理解する．この分析と総合は対で使い，物事を理解したい場合には，まず分析の手法で細かく分けて調べる．そうすると，通常，法則性が簡単になり，物事の本質が見えてくる．そうして，その物事の本質を分析という手法でとらえた後，小さなスケールのものを寄せ集める総合という手法で，元のスケールの物事を理解する．すなわち，「物事を理解したい→物事を分析し本質をとらえる→分析したものを総合して，元の物事を理解する」というプロセスで物事を理解するのが有用な場合が多い．この総合という手法が積分に相当する．

---

[10] $y = \sin x$ が 1 対 1 になる区間は無限にあるが，$y = \sin^{-1} x$ の値域が $\left[-\frac{\pi}{2}, \frac{\pi}{2}\right]$ の場合には，$y = \sin^{-1} x$ の主値とよばれ，$y = \mathrm{Sin}^{-1} x$ と書くこともある．同様に，$y = \cos^{-1} x$ の主値 $y = \mathrm{Cos}^{-1} x$ は，値域が $[0, \pi]$，$y = \tan^{-1} x$ の主値 $y = \mathrm{Tan}^{-1} x$ は，値域が $\left(-\frac{\pi}{2}, \frac{\pi}{2}\right)$ である．

微分が関数の振る舞いを調べるのに有用だったように，積分も図形の性質を調べるのに役立つ．例えば，平面図形の面積や立体の体積を求めるのは，積分の問題と同じである．放物線と直線で囲まれた図形の面積や球の体積を求めることは，古代ギリシャの天才アルキメデスの得意とした問題であり，積分の言葉でいうと，$\int x^2 dx = \frac{x^3}{3} + C$ を使ったことになっている[11]．ここでは，まず積分の定義を簡潔に行い，続いて積分の性質について復習する．

8.5.2 微分と積分の関係

微積分学はニュートンとライプニッツにより独立に発見された (コーヒー・ブレイク (p.149) 参照)．曲線の接線を引く方法としての微分法，および面積や体積を求める方法としての積分法，は独立したものとしてニュートン以前にも存在した．それではニュートンは何を発見したのかというと，微分と積分が逆演算であるということである．

まず，$a < b$ として，連続な関数 $y = f(x)$ の区間 $[a, b]$ での**定積分**を考えよう．ここで $x_0 = a, x_N = b$ とする．区間 $[a, b]$ を N 個の小区間 $[x_0, x_1]$, $[x_1, x_2], \cdots, [x_{N-1}, x_N]$ に分割する．この分割の仕方を Δ で表わす．i 番目の小区間 $[x_{i-1}, x_i]$ から，任意に点 ξ_i を選んで，次の量を考える．

$$\Sigma_\Delta = \sum_{i=1}^{N} f(\xi_i)(x_i - x_{i-1}).$$

$|\Delta|$ を小区間の長さの最大値とする．すなわち $|\Delta| = \max_i (x_i - x_{i-1})$ である．$|\Delta| \to 0$ とするとき，Σ_Δ の極限が存在して有限であれば，これを $f(x)$ の区間 $[a, b]$ での定積分と定義し，$\int_a^b f(x) dx$ と書く．これは図形的には，$y = f(x)$ と $x = a, x = b$ および x 軸で囲まれた部分の面積を表わしている．ただし，$f(x) \leq 0$ の部分の面積は負とする．

定義より，次の性質を示すことができる．

$$\int_a^c f(x)dx + \int_c^b f(x)dx = \int_a^b f(x)dx, \quad c \in [a, b],$$

---

[11] ただし，古代ギリシャで，無限小を正しく扱い，すべてを幾何の言葉で表わすことは，アルキメデスのような天才しかできなかった．

$$\int_a^b f(x)dx = -\int_b^a f(x)dx,$$

$x \in [a, b]$ で $f(x) \geq 0$ なら, $\int_a^b f(x)dx \geq 0$.

さて, $x \in (a, b)$ として, $F(x) = \int_a^x f(x')dx'$ とおく. $x \in (a, b)$ で $f(x)$ が連続なとき, $\dfrac{dF(x)}{dx} = f(x)$ となる. 以下に略証を記す. $a \leq x + h \leq b$ となる $h > 0$ をとり,

$$F(x+h) - F(x) = \int_x^{x+h} f(x')dx'$$

を考える. $[x, x+h]$ で $f(x)$ は連続なので, この区間での $f(x)$ の最小値と最大値を, それぞれ m, M とすると,

$$m \leq \frac{F(x+h) - F(x)}{h} \leq M$$

となる. $h \to 0$ とすると, 連続性より $f(x) \to m, M \to f(x)$ となる. したがって,

$$f(x) \leq \lim_{h \to 0} \frac{F(x+h) - F(x)}{h} \leq f(x)$$

$h < 0$ の場合も同様である. よって,

$$F(x) = \int_a^x f(x')dx', \tag{8.25}$$

$$\frac{dF(x)}{dx} = f(x) \tag{8.26}$$

が示された. すなわち定数として扱った a の不定性を除いて, 連続な関数 $f(x)$ の積分演算と微分演算は逆演算になる.

微分すると $f(x)$ となる関数を $f(x)$ の原始関数という. したがって, $F(x)$ は $f(x)$ の原始関数である. 別の原始関数 $G(x)$ があったとする. $\dfrac{dG(x)}{dx} = f(x)$ より, $\dfrac{d\{G(x) - F(x)\}}{dx} = 0$ となる. したがって, C を定数として, $G(x) - F(x) = C$ となる. つまり,

$$G(x) = \int_a^x f(x')dx' + C \tag{8.27}$$

のように表わせる．原始関数は，単に，$f(x)$ の積分とよぶこともある．また，それを簡単に $\int^x f(x')dx'$ や $\int f(x)dx$ と書くことも多い．これは，任意定数の分だけ不定性があるため，不定積分ともよばれる．不定積分は，

$$\int^x f(t)dt = F(x) + C \tag{8.28}$$

または

$$\int f(x)dx = F(x) + C \tag{8.29}$$

のように書き，定数 C は積分定数とよばれる．

例えば，$\int \dfrac{3x+5}{x^2+4x+3}dx$ を求めてみよう．被積分関数 $\dfrac{3x+5}{x^2+4x+3}$ を分母が x の1次式となる関数の和で表わすと，$\dfrac{3x+5}{x^2+4x+3} = \dfrac{1}{x+1} + \dfrac{2}{x+3}$ となる．したがって，

$$\int \frac{3x+5}{x^2+4x+3}dx = \int \left(\frac{1}{x+1} + \frac{2}{x+3} \right) dx$$
$$= \ln|x+1| + 2\ln|x+3| + C$$

となる．

問 8.6 次の不定積分を求めよ．
(1) $\int (x^2 + 3x + 4)dx$ (2) $\int \sin(2x+3)dx$
(3) $\int e^{-3x}dx$ (4) $\int \dfrac{1}{x^2-3x+2}dx$

8.5.3 微分積分学の基本公式

連続関数 $f(x)$ の原始関数を $G(x)$ とする．式 (8.27) より

$$G(x) = \int_a^x f(x')dx' + C$$

と表わせるから，$G(a) = C$ より，

$$G(x) = \int_a^x f(x')dx' + G(a),$$
$$G(x) - G(a) = \int_a^x f(x')dx'$$

となる．よって，定積分 $\int_a^b f(x)dx$ は，

$$\int_a^b f(x)dx = G(b) - G(a) = [G(x)]_a^b \tag{8.30}$$

のように計算できる．つまり，$f(x)$ の原始関数が求まれば定積分が求まる．(8.30) は**微分積分学の基本公式**とよばれる．

8.6 部分積分

$f(x), g(x)$ を微分可能な関数とすると，積の微分は

$$(f(x)g(x))' = f'(x)g(x) + f(x)g'(x)$$

である．したがって，積分定数を除いて

$$f(x)g(x) = \int f'(x)g(x)dx + \int f(x)g'(x)dx$$

となる．これを書き直して次の**部分積分**の公式を得る．

$$\int f'(x)g(x)dx = f(x)g(x) - \int f(x)g'(x)dx.$$

例として，$\int e^x \sin x dx$ を部分積分で求めてみよう．$I = \int e^x \sin x dx$ とおくと，

$$I = \int (e^x)' \sin x dx = e^x \sin x - \int e^x \cos x dx$$
$$= e^x \sin x - \left(e^x \cos x + \int e^x \sin x \right)$$
$$= -I + e^x \sin x - e^x \cos x + C'$$

より，

$$I = \int e^x \sin x \, dx = \frac{e^x(\sin x - \cos x)}{2} + C \tag{8.31}$$

となる.

別の例として, $\int \ln x \, dx$ を部分積分で求めてみよう. $f(x) = x, g(x) = \ln x$ として,

$$\int 1 \cdot \ln x \, dx = x \ln x - \int x \frac{1}{x} dx = x \ln x - x + C$$

となる.

問 8.7 次の不定積分を求めよ.
(1) $\int x e^{2x} \, dx$ (2) $\int x \ln x \, dx$ (3) $\int x \sin x \, dx$

8.7 置換積分

$y = h(x), x = g(t)$ とし, それらは微分可能とする. 合成関数の微分法により $z = h(g(t))$ を t で微分することにより

$$\frac{dz}{dt} = h'(g(t))g'(t)$$

となる. したがって,

$$h(g(t)) = \int h'(g(t))g'(t) dt$$

となる. 一方, $h(x) = \int h'(x) dx$ であるから,

$$\int h'(x) dx = \int h'(g(t))g'(t) dt$$

となる. $f(x) = h'(x)$ とおいて, 次の**置換積分**の公式を得る.

$$\int f(x) dx = \int f(g(t))g'(t) dt. \tag{8.32}$$

これは, 次のように書くと記憶しやすい.

$$\int f(x)dx = \int f(x(t))\frac{dx}{dt}dt. \tag{8.33}$$

例えば,$I = \int \frac{1}{x^2+1}dx$ を置換積分で求めてみよう.$x = \tan t$ と置換すると,$\frac{1}{1+x^2} = \cos^2 t$,$dx = \frac{1}{\cos^2 t}dt$ より

$$I = \int \frac{1}{x^2+1}dx = \int \cos^2 t \frac{1}{\cos^2 t}dt = t + C = \tan^{-1} x + C$$

と求まる.

問 8.8 次の不定積分を求めよ.
(1) $\int \frac{x}{x^2+1}dx$ (2) $\int \frac{1}{\sqrt{1-x^2}}dx$

第 9 章

微分方程式とその解法

この章では，微分を含む方程式，つまり微分方程式を積分法によって解くことを学ぶ．そのために，前半では，これまでに学んだ関数の微分を考えることにより，それの従う微分方程式を導き，一般解を求める．後半では，逆に微分方程式が与えられたときに，解を求める一般的な方法について学習する．

9.1 簡単な微分方程式の解法

9.1.1 多項式の解を持つ微分方程式

多項式の微分で現れた公式のもっとも簡単なものは $\dfrac{d(定数)}{dx} = 0$ であった．ここで，次の方程式を考えよう．

$$\frac{dy}{dx} = 0. \tag{9.1}$$

これは，y についての微分方程式とよばれるが，特に最高次の微分が 1 次なので，1 階の微分方程式とよばれる．1 階の微分方程式は，1 回積分することにより y を求めるが，その時に積分定数が 1 個現れる．1 階の微分方程式で 1 個の任意定数を含む解は**一般解**とよばれる．今の場合，C を定数として，$y = C$ は解であるから，これは (9.1) の 1 般解である．一方，任意定数を含まない解は**特解**とよばれる．例えば $y = 1$ は (9.1) の特解である．同様に，$\dfrac{dx}{dx} = 1$ の公式から，逆に x を解の 1 つとする微分方程式 $\dfrac{dy}{dx} = 1$ を考えると，$y = x + C$ がこの微分方程式の一般解である．

同様に，$\dfrac{dx^2}{dx} = 2x$ の公式を使ってみよう．x^2 を解の 1 つとする微分方程式はいろいろ考えられるが，その 1 つは，$\dfrac{dy}{dx} = 2x$ である．定数の微分は 0 なの

で，$y = x^2 + C$ がこの微分方程式の発見法的な一般解である．ところで，置換積分の公式 (8.32) で，$x \to y$, $t \to x$, $f(x) \to 1$, $g(t) \to f(x)$ と置き換えると，$y = f(x)$ であり，

$$\int dy = \int f'(x) dx$$

となる．したがって，

$$\int dy = \int f'(x) dx = \int 2x \, dx$$

となる．この式は，微分商の考え方を用いて，$\dfrac{dy}{dx} = 2x$ より $dy = 2x \, dx$ として両辺を積分した式，$\int dy = \int 2x \, dx$ と同じである．このように，微分商の考え方を用いると計算が楽になる．積分の結果は $y = x^2 + C$ となる．

上の関係，$\dfrac{dx^2}{dx} = 2x$ をもう一度微分すると，$\dfrac{d^2 x^2}{dx^2} = 2$ となり，x^2 が 1 つの解である別の微分方程式 $\dfrac{d^2 y}{dx^2} = 2$ が得られる．これは，最高次の微分が 2 次であるから，2 階の微分方程式とよばれる．この場合も，2 回積分して解が得られると考えると，**一般解は 2 つの積分定数**，C_1 と C_2 **を含むものである**．微分商の考え方でこの微分方程式を解いてみよう．$y'' = \dfrac{dy'}{dx} = 2$ より，$dy' = 2dx$ であるから，$\int dy' = \int 2dx$ となり，1 回積分して $y' = \dfrac{dy}{dx} = 2x + C_1$ を得る．これより，$dy = (2x + C_1)dx$ となるので，これをもう一度積分すると，$\int dy = \int (2x + C_1)dx$ より，$y = x^2 + C_1 x + C_2$ となる．これが一般解である．

さらに，$\dfrac{d^n y}{dx^n} = 0$ を考えてみよう．これは，n 階の微分方程式である．これの一般解は $n - 1$ 次以下の多項式，$y = C_1 x^{n-1} + C_2 x^{n-2} + \cdots + C_n$ で，もともとの微分方程式には現れていなかった n 個の定数を含んでいる．このようにして，多項式を解として持つ微分方程式とその一般解の例として

$$\frac{dy}{dx} = 0 \to y = C, \tag{9.2}$$

$$\frac{dy}{dx} = 1 \to y = x + C, \tag{9.3}$$

$$\frac{dy}{dx} = 2x \to y = x^2 + C, \tag{9.4}$$

$$\frac{d^2y}{dx^2} = 2 \to y = x^2 + C_1 x + C_2, \tag{9.5}$$

$$\frac{d^2y}{dx^2} = 0 \to y = C_1 x + C_2, \tag{9.6}$$

$$\frac{d^n y}{dx^n} = 0 \to y = C_1 x^{n-1} + C_2 x^{n-2} + \cdots + C_n \tag{9.7}$$

が得られる．

9.1.2 指数関数の解を持つ微分方程式

指数関数の微分の基本は $\frac{de^x}{dx} = e^x$ であるが，これから e^x を解の 1 つとする微分方程式の 1 つ $\frac{dy}{dx} = y$ が得られる．y が解なら A を定数とすると Ay も解である．すなわち，$y = Ae^x$ が発見法的な一般解である．積分を用いてこの微分方程式を解くと，$\frac{dy}{dx} = y$ より $dy = ydx$ となるが，さらに変形して，$\frac{dy}{y} = dx$ より，$\int \frac{dy}{y} = \int dx$ となり，$\log_e |y| = x + C$ が得られる．したがって，$y = \pm e^{x+C} = Ae^x$ が一般解となる．ここで，$A = \pm e^C$ である．

より一般的な指数関数 e^{kx}(k=定数) のときは，$\frac{de^{kx}}{dx} = ke^{kx}$ なので，e^{kx} を 1 つの解に持つ微分方程式は $\frac{dy}{dx} = ky$ であり，この微分方程式の発見法的な一般解は $y = Ae^{kx}$ となる．積分でこの微分方程式を解くと，$\int \frac{dy}{y} = \int k dx$ より $\log_e |y| = kx + C$ となり，したがって，$y = \pm e^{kx+C} = Ae^{kx}$ が一般解となる．ここで，$A = \pm e^C$ である．まとめると，指数関数を解として持つ微分方程式とその一般解は

$$\frac{dy}{dx} = ky \longrightarrow y = Ae^{kx} \tag{9.8}$$

となる．

9.1.3 対数関数の解を持つ微分方程式

$x \neq 0$ として，$y = \log_e |x|$ とおくと，$\dfrac{d \log_e |x|}{dx} = \dfrac{1}{x}$ より，微分方程式 $\dfrac{dy}{dx} = \dfrac{1}{x}$ が得られる．C を定数とすると y が解なら $y + C$ も解なので，$y = \log_e |x| + C$ が $\dfrac{dy}{dx} = \dfrac{1}{x}$ の発見法的な一般解である．微分商の積分という考え方でこの微分方程式を解くと，$\displaystyle \int dy = \int \dfrac{dx}{x}$ より $y = \log_e |x| + C$ が一般解となる．

まとめると，対数関数を解として持つ微分方程式とその解は

$$\frac{dy}{dx} = \frac{1}{x} \longrightarrow y = \log_e |x| + C \tag{9.9}$$

となる．

9.1.4 三角関数の解を持つ微分方程式

$\sin x$ を微分することにより，$\dfrac{d \sin x}{dx} = \cos x$ となり，さらにもう一度微分することにより，$\dfrac{d^2 \sin x}{dx^2} = -\sin x$ となる．同様に $\cos x$ の場合は，$\dfrac{d \cos x}{dx} = -\sin x$ となり，さらにもう一度微分することにより，$\dfrac{d^2 \cos x}{dx^2} = -\cos x$ となる．そこで，$y = \sin x$ とおくと，$\sin x$ を解に持つ微分方程式の 1 つは，$\dfrac{dy}{dx} = \cos x$ となる．C を定数とすると y が解なら $y + C$ も解で，$y = \sin x + C$ が発見法的な一般解である．同様に $y = \cos x$ とおくと，$\cos x$ を解に持つ微分方程式の 1 つは，$\dfrac{dy}{dx} = -\sin x$ となる．C を定数とすると y が解なら $y + C$ も解で，$y = \cos x + C$ が発見法的な一般解である．

次に，$\sin x$ と $\cos x$ を 2 回微分すると次のような微分方程式

$$\frac{d^2 y}{dx^2} = -y \tag{9.10}$$

が得られる．$\sin x$ を含む解は A を定数として $A \sin x$ で，$\cos x$ を含む解は B を定数として $B \cos x$ である．ところで，(9.10) は，$y, \dfrac{d^2 y}{dx^2}$ について，1 次の項しか含まない．このような微分方程式は，線形微分方程式とよばれる．線形微分方程式の場合，容易に確かめられるように，2 つの解の和も解であり，また，ある

解の定数倍も解である．さらに，(9.10) は 2 階の微分方程式なので，積分定数が 2 個ある解は一般解である．したがって，2 つの独立な解を y_1, y_2 としたとき，

$$y = Ay_1 + By_2$$

は一般解である．ここで，A と B は定数である．このとき，y は y_1 と y_2 の **1 次結合** または **線形結合** であるという．また，y_1 と y_2 が線形独立とは，次の条件が成り立つことをいう．

$y_1(x)$ と $y_2(x)$ が線形独立とは，$C_1 y_1 + C_2 y_2 = 0$ ならば，$C_1 = C_2 = 0$ となることである．

独立でなければ，例えば，$C_1 \neq 0$ として，$C_1 y_1 + C_2 y_2 = 0$ が成り立つため，$y = Ay_1 + By_2 = \left(-\dfrac{AC_2}{C_1} + B\right) y_2$ となり，実質的に任意定数は 1 個となるため，これは一般解にはならない．$\sin x$ と $\cos x$ は線形独立であるので，$y = A \sin x + B \cos x$ は，発見法的な一般解である．

問 9.1 $\sin x$ と $\cos x$ が線形独立であることを示せ．

積分でこの微分方程式を解いてみよう．(9.10) の両辺に $\dfrac{dy}{dx}$ をかけると

$$\frac{dy}{dx} \frac{d^2 y}{dx^2} = -y \frac{dy}{dx} \tag{9.11}$$

となるが，この左辺は $\dfrac{1}{2} \dfrac{d}{dx} \left(\dfrac{dy}{dx}\right)^2$，右辺は $-\dfrac{1}{2} \dfrac{d}{dx} y^2$ となることが分かる．したがって，(9.11) は

$$\frac{1}{2} \frac{d}{dx} \left(\frac{dy}{dx}\right)^2 = -\frac{1}{2} \frac{d}{dx} y^2 \tag{9.12}$$

となる．(9.12) は，$\dfrac{1}{2} \dfrac{d}{dx} \left(\left(\dfrac{dy}{dx}\right)^2 + y^2\right) = 0$ と書き直せるから，1 回積分して

$$\left(\frac{dy}{dx}\right)^2 + y^2 = C \tag{9.13}$$

となる．以下では $C > 0$ とする．θ を任意定数として $y = \sqrt{C} \sin(x + \theta)$ とおくと，これは (9.13) の一般解となっている．$A = \sqrt{C} \cos \theta$, $B = \sqrt{C} \sin \theta$ とおく

と，この一般解は $y = A\sin x + B\cos x$ となる．

まとめると，三角関数を解として持つ微分方程式とその解は

$$\frac{dy}{dx} = \cos x \to y = \sin x + C, \tag{9.14}$$

$$\frac{dy}{dx} = -\sin x \to y = \cos x + C, \tag{9.15}$$

$$\frac{d^2 y}{dx^2} = -y \to y = A\sin x + B\cos x \tag{9.16}$$

となる．

以上の解析は，複素数を用いるとより簡単になる．数を複素数に拡張し，オイラーの公式 (p.72 参照)

$$e^{ix} = \cos x + i\sin x \tag{9.17}$$

を用いて，三角関数を複素数の指数関数として扱おう．ここで，x は実数である．この式の右辺の微分は，実関数の場合と同様に行うことができて，

$$\frac{d}{dx}(\cos x + i\sin x) = \frac{d}{dx}\cos x + i\frac{d}{dx}\sin x$$
$$= -\sin x + i\cos x = i(\cos x + i\sin x) = ie^{ix}$$

となる．したがって，e^{ix} を微分すると，$\dfrac{de^{ix}}{dx} = ie^{ix}$ となる．これをもう一度微分すると $\dfrac{d^2 e^{ix}}{dx^2} = i^2 e^{ix} = -e^{ix}$ となるので，$y = e^{ix}$ を解に持つ微分方程式の1つは，$\dfrac{d^2 y}{dx^2} = -y$ となる．この微分方程式は線形なので，Ce^{ix} も解となる．また，計算すると分かるように i を $-i$ にした De^{-ix} も解となる．ここで，C, D は定数である．したがって，$Ce^{ix} + De^{-ix}$ が一般解になる．$A = i(C - D)$, $B = C + D$ とすると $A\sin x + B\cos x$ が一般解となり，前の結果と一致する．

ここで，別の見方をしてみよう．x は実数で，$u(x), v(x)$ は実数の値をとる関数 (実数値関数) とする．$w(x) = u(x) + iv(x)$ とおくと，これは，複素数の値をとる関数 (複素数値関数) である．次の微分方程式

$$\frac{d^2 w}{dx^2} = -w \tag{9.18}$$

を考える[1]．実部と虚部を比較することにより，

$$\frac{d^2u}{dx^2} = -u, \tag{9.19}$$

$$\frac{d^2v}{dx^2} = -v \tag{9.20}$$

が得られる．したがって，(9.18) を満たす複素数値関数の実部と虚部は，$\frac{d^2y}{dx^2} = -y$ の解となる．このように，三角関数を複素数の指数関数で考えて，その結果の実部または虚部を取ることによって三角関数の関係式に焼きなおすのが便利である．

9.2 求積法によって解ける微分方程式

前節では，微分方程式やその解についての考え方を理解するために，既知の関数の従う微分方程式を考え，発見法的な方法でその一般解を求めた．この節では，議論を一般化して，積分で解ける（求積法で解ける）いくつかの典型的な微分方程式を考え，一般的な解法について学習する．

9.2.1 変数分離形

x の関数を $f(x)$，y の関数を $g(y)$ とするとき，次の形の微分方程式を**変数分離形**とよぶ．

$$\frac{dy}{dx} = f(x)g(y). \tag{9.21}$$

$g(y) \neq 0$ のとき，これを次のように変形する．

$$\frac{1}{g(y)}\frac{dy}{dx} = f(x).$$

両辺を x で積分する．

$$\int \frac{1}{g(y)}\frac{dy}{dx}dx = \int f(x)dx.$$

左辺は，置換積分により $\int \frac{1}{g(y)}\frac{dy}{dx}dx = \int \frac{1}{g(y)}dy$ となるので，

---

[1] 複素数値関数の微分は，$\frac{dw}{dx} = \frac{du}{dx} + i\frac{dv}{dx}$ となる．

$$\int \frac{1}{g(y)} dy = \int f(x) dx$$

となる[2]．$\dfrac{1}{g(y)}$ の原始関数を $H(y)$, $f(x)$ の原始関数を $F(x)$ とすると，

$$H(y) = F(x) + C$$

が導かれる．これを y について解くことにより，y が x の関数として求まる．

問 9.2 次の微分方程式を解け．
（1） $\dfrac{dy}{dx} = xy$　　（2） $\dfrac{dy}{dx} = \dfrac{y}{x^2}$　　（3） $\dfrac{dy}{dx} = \lambda y(1-y)$，$\lambda$ は定数[3]

9.2.2　同次形

次の形の微分方程式を**同次形**とよぶ．

$$\frac{dy}{dx} = f\left(\frac{y}{x}\right). \tag{9.22}$$

従属変数を y から $z = \dfrac{y}{x}$ に変数変換すると，$y = zx$ より，

$$\frac{dy}{dx} = z + x\frac{dz}{dx} = f(z)$$

となり，次の変数分離形に帰着される．

$$\frac{dz}{dx} = \frac{f(z) - z}{x}.$$

問 9.3 次の微分方程式を解け．
（1） $\dfrac{dy}{dx} = \dfrac{y}{x} - 1$　　（2） $\dfrac{dy}{dx} = \left(\dfrac{y}{x}\right)^2 - 2$

9.2.3　1 階線形微分方程式

x の関数を $p(x)$ および $q(x)$ とするとき，次の形の微分方程式を **1 階線形微分方程式**とよぶ．

---

[2] これは，$\dfrac{dy}{g(y)} = f(x)dx$ としてそれを積分したものと同じであり．微分商の考え方を正当化するものである．

[3] これはロジスティック微分方程式とよばれ，生物の固体数変化を記述する方程式としてよく用いられる．

$$\frac{dy}{dx} + p(x)y = q(x). \tag{9.23}$$

$q(x) = 0$ のときを，斉次微分方程式，$q(x) \neq 0$ のときを，非斉次微分方程式とよぶ．ここでは，係数が定数の場合から始めて，一般の場合までを順次解説する．

9.2.3.1 斉次定係数微分方程式

(9.23) で，$p(x) = -1, q(x) = 0$ とする．つまり，

$$\frac{dy}{dx} = y \tag{9.24}$$

とする．これは，変数分離形となっているが，ここでは，別の方法で解いてみよう．方程式を $\frac{dy}{dx} - y = 0$ と書き換えて，解の形を $y = e^{\lambda x}$ とおいてみる．$y' = \lambda e^{\lambda x}$ であるから，これを上の式に代入すると，

$$(\lambda - 1)e^{\lambda x} = 0 \tag{9.25}$$

となる．したがって，

$$\lambda - 1 = 0. \tag{9.26}$$

これは，**特性方程式**，あるいは**固有方程式**とよばれる．これより，$\lambda = 1$ であればよいから，$y = e^x$ が (9.24) の特解である．任意定数を C として，一般解は $y = Ce^x$ となる．次に少し一般化し，$p(x) = -a, q(x) = 0$ として

$$\frac{dy}{dx} = ay \tag{9.27}$$

を考えよう．ここで a は，定数とする．上と同様にして特性方程式を求めると，$\lambda - a = 0$ となる．したがって，一般解は $y = Ce^{ax}$ となる．

9.2.3.2 非斉次定係数微分方程式

次に，$p(x) = -a, q(x) \neq 0$ の非斉次な場合を考えよう．

$$\frac{dy}{dx} = ay + q(x) \tag{9.28}$$

とする．この微分方程式は次の**定数変化法**で解くことができる．斉次方程式 (9.27) の一般解 $y = Ce^{ax}$ において，C を定数でなく，x の関数と考える．すなわち，$y = C(x)e^{ax}$ とする．(9.28) に代入して整理すると，$\frac{dC}{dx} = e^{-ax}q(x)$ となる．こ

れを積分して

$$C(x) = \int^x e^{-ax'} q(x') dx' + C_1 \tag{9.29}$$

を得る．ここで C_1 は積分定数である．したがって一般解は，

$$y = \left(\int^x e^{-ax'} q(x') dx' + C_1 \right) e^{ax} \tag{9.30}$$

で与えられる．

問 9.4 次の微分方程式を定数変化法で解け．
（1） $\dfrac{dy}{dx} - 2y = 1$　　（2） $\dfrac{dy}{dx} + y = x$

9.2.3.3　非斉次項が，多項式・指数関数・三角関数の場合

これらの場合には，部分積分を繰り返し行うことにより積分が求まる．$p(x) = -a$ とし，$q(x)$ としては，まず，多項式の場合を考えよう．n を自然数として，$q(x) = x^n$ とする．(9.29) に代入して部分積分すると

$$C(x) = \int^x dx' e^{-ax'} (x')^n = -\frac{1}{a} e^{-ax} x^n + \frac{n}{a} \int^x dx' e^{-ax'} (x')^{n-1} \tag{9.31}$$

となり，被積分関数の x のベキが 1 だけ減る．これを繰り返すことにより，$C(x)$ が求まる．

次に，$q(x) = e^{bx}$ の場合を考えよう．ここで b は定数．$b \neq a$ のときは，

$$C(x) = \int^x dx' e^{-ax'} e^{bx'} = \frac{1}{b-a} e^{(b-a)x} + C_1, \tag{9.32}$$

$b = a$ のときは，

$$C(x) = \int^x dx' e^{-ax'} e^{bx'} = \int^x dx' = x + C_1 \tag{9.33}$$

とただちに求まる．ここで，C_1 は定数である．

最後に，三角関数の場合を考えよう．$q(x) = \sin(bx)$ とする．ここで b は定数とする．

$$C(x) = \int^x dx' e^{-ax'} \sin(bx') = -\frac{1}{a}e^{-ax}\sin(bx) + \frac{b}{a}\int^x dx' e^{-ax'}\cos(bx')$$
$$= -\frac{1}{a}e^{-ax}\sin(bx) + \frac{b}{a}\left(-\frac{1}{a}e^{-ax}\cos(bx) - \frac{b}{a}\int^x dx' e^{-ax'}\sin(bx')\right).$$

右辺にも $C(x)$ が現れるので，

$$C(x) = \int^x dx' e^{-ax'} \sin(bx')$$
$$= -\frac{1}{a^2+b^2}e^{-ax}(a\sin(bx) + b\cos(bx)) + C_1 \tag{9.34}$$

と求まる．$q(x) = \cos(bx)$ の場合も同様にして

$$C(x) = \int^x dx' e^{-ax'} \cos(bx')$$
$$= -\frac{1}{a^2+b^2}e^{-ax}(a\cos(bx) - b\sin(bx)) + C_1 \tag{9.35}$$

と求まる．

問 9.5 $\dfrac{dy}{dx} = 2y + x^2$ の一般解を求めよ．

< コーヒー・ブレイク >

演算子法

ここで，少し変わった解法を試してみよう．前節の問題 9.4 の (2) を次のように書き換えてみる．

$$\left(1 + \frac{d}{dx}\right)y = x. \tag{9.36}$$

$\left(1 + \dfrac{d}{dx}\right)$ は y に作用する演算子で

$$\left(1 + \frac{d}{dx}\right)y = y + \frac{dy}{dx}$$

と定義する．(9.36) の両辺を $\left(1 + \dfrac{d}{dx}\right)$ で"割って"，形式的に

$$y = \frac{1}{1 + \frac{d}{dx}}x \tag{9.37}$$

と書く．等比級数の和の公式 $\sum_{n=0}^{\infty} a^n = \dfrac{1}{1-a}$ を"適用"して，

$$\frac{1}{1+\frac{d}{dx}} = 1 - \frac{d}{dx} + \frac{d^2}{dx^2} - \cdots$$

と書く．これを (9.37) に代入すると，

$$y = \left(1 - \frac{d}{dx} + \frac{d^2}{dx^2} - \cdots\right) x = x - 1 \tag{9.38}$$

のように特解が求まる．このような方法を演算子法という．

9.2.3.4　$p(x)$, $q(x)$ が任意の場合

まず，$q(x) = 0$ の場合を考えよう．この場合は変数分離系なので，次のように積分の形で解を表すことができる．

$$\frac{dy}{dx} = -p(x)y$$

は，

$$\frac{dy}{y} = -p(x)dx$$

と変数分離形に変形できるので，これを積分して

$$\ln|y| = -\int p(x)dx + C'$$

となる．ここで C' は積分定数である．したがって，

$$|y| = e^{C'} e^{-\int p(x)dx}$$

となる．これは，

$$y = C \exp\left[-\int p(x)dx\right] \quad (C = \pm e^{C'})$$

と表されるので，最終的に，解が

$$y = y_0 \exp\left[-\int_{x_0}^{x} p(x')dx'\right] \tag{9.39}$$

と求まる．ここで，指数関数 e^x の別の表記，$\exp[x]$ を用いている．(9.39) は，$x = x_0$ で $y = y_0$ となる特解である．$q(x) \neq 0$ の非斉次な場合は，次の定数変化法によって解くことができる．すなわち，

$$y(x) = C(x) \exp\left[-\int_{x_0}^{x} p(x')dx'\right] \tag{9.40}$$

とおき，$C(x)$ を未知の関数として (9.23) に代入して整理すると，

$$\frac{dC(x)}{dx} = q(x) \exp\left[\int_{x_0}^{x} p(x')dx'\right] \tag{9.41}$$

を得る．これを積分すると，

$$C(x) = \int_{x_0}^{x} q(x'') \exp\left[\int_{x_0}^{x''} p(x')dx'\right] dx'' + C_1 \tag{9.42}$$

となる．ここで，C_1 は任意定数である．したがって，一般解が

$$y(x) = \left\{\int_{x_0}^{x} q(x'') \exp\left[\int_{x_0}^{x''} p(x''')dx'''\right] dx'' + C_1\right\} \exp\left[-\int_{x_0}^{x} p(x')dx'\right] \tag{9.43}$$

のように求まる．

この微分方程式 (9.23) は物理学や工学においてよく登場する．第 10 章で，これらの物理への応用について解説する．

9.2.4　2 階線形微分方程式

最高次の微分が 2 回の次の形の微分方程式を考える．

$$\frac{d^2y}{dx^2} + p(x)\frac{dy}{dx} + q(x)y = r(x). \tag{9.44}$$

これは，$\frac{d^2y}{dx^2}, \frac{dy}{dx}, y$ について 1 次以下の項しかないので，線形の微分方程式とよばれる．また，$r(x) = 0$ の場合，斉次であるといい，$r(x) \neq 0$ の場合，非斉次であるという．斉次線形微分方程式では，y_1, y_2 が解なら，C_1, C_2 を定数として，その 1 次結合，$C_1 y_1 + C_2 y_2$ も解となる．以下では，特に，$p(x), q(x)$ が定数の場合を扱う．

9.2.4.1 斉次定係数微分方程式

$p(x) = 2a$, $q(x) = b$, $r(x) = 0$ の次の微分方程式を考える.

$$\frac{d^2y}{dx^2} + 2a\frac{dy}{dx} + by = 0. \tag{9.45}$$

ここで，a, b は実定数である．この方程式を解くために，$y = e^{\lambda x}$ とおいて，代入すると

$$\lambda^2 + 2a\lambda + b = 0 \tag{9.46}$$

となる．1階斉次線形微分方程式のときと同様に，これは，**特性方程式**，または**固有方程式**とよばれる．これを解いて，

$$\lambda = -a \pm \sqrt{a^2 - b} \equiv \lambda_{\pm} \tag{9.47}$$

を得る．a, b の大小関係により3通りに場合分けして議論する．

（1） $\underline{a^2 > b \text{ の場合（}\lambda_{\pm} \text{ が実数の場合．）}}$

$e^{\lambda_+ x}$ と $e^{\lambda_- x}$ が共に (9.45) の解である．この2つは独立な解であり，したがって，

$$y = C_1 e^{\lambda_+ x} + C_2 e^{\lambda_- x} \tag{9.48}$$

は任意定数を2つ含み，一般解である．

（2） $\underline{a^2 < b \text{ の場合（}\lambda_{\pm} \text{ が虚数の場合．）}}$

$\omega = \sqrt{b - a^2}$ とおくと，

$$\lambda = -a \pm i\omega \equiv \lambda_{\pm} \tag{9.49}$$

となる．これより，解として，

$$e^{\lambda_+ x} = e^{-ax} e^{i\omega x} = e^{-ax}(\cos(\omega x) + i\sin(\omega x)), \tag{9.50}$$

$$e^{\lambda_- x} = e^{-ax} e^{-i\omega x} = e^{-ax}(\cos(\omega x) - i\sin(\omega x)) \tag{9.51}$$

が得られる．ここで，オイラーの公式 (9.17) を用いた．これらの1次結合，$y = C_1 e^{\lambda_+ x} + C_2 e^{\lambda_- x}$ が一般解である．ところで，(9.50) の実部 $e^{-ax}\cos(\omega x)$ と虚部 $e^{-ax}\sin(\omega x)$ は，

$$(9.50) \text{ の実部} = \frac{(9.50) + (9.51)}{2},$$

$$(9.50) \text{ の虚部} = \frac{(9.50)-(9.51)}{2i}$$

のように，$e^{\lambda_+ x}$ と $e^{\lambda_- x}$ の 1 次結合で表わされるので，共に (9.45) の解である．したがって，C_1 と C_2 を実の定数として，$e^{\lambda_+ x}$ の実部と虚部の 1 次結合

$$y = e^{-ax}(C_1 \cos(\omega x) + C_2 \sin(\omega x)) \tag{9.52}$$

は，実数の一般解である．

ここで，$a=0, b>0$ の場合が特に重要である．このとき，$\omega = \sqrt{b}$ であり，(9.45) は，

$$\frac{d^2 y}{dx^2} + \omega^2 y = 0 \tag{9.53}$$

となる．これは，単振動の場合の微分方程式であり，一般解は，(9.52) より

$$y(x) = C_1 \cos(\omega x) + C_2 \sin(\omega x) \tag{9.54}$$

となる．

（3） $\underline{a^2 = b \text{ の場合}\ (\lambda \text{ が重根の場合.})}$

この場合には，解は，e^{-ax} しか求まらないので，一般解を得るには，もう 1 個独立な解を求めなければならない．ここでは，定数変化法を用いてそれを求めてみよう．$y = C(x)e^{-ax}$ とおいて (9.45) に代入すると，$C''(x) = 0$ となる．これの解の 1 つは，$C(x) = x$ である．したがって，xe^{-ax} が (9.45) のもう 1 つの解となり，一般解は

$$y = C_1 e^{-ax} + C_2 x e^{-ax} \tag{9.55}$$

となる．ここで，C_1, C_2 は定数．

9.2.4.2 非斉次定係数微分方程式

次に非斉次な場合を考えよう．

$$\frac{d^2 y}{dx^2} + 2a\frac{dy}{dx} + by = q(x). \tag{9.56}$$

斉次方程式の独立な解を y_1, y_2 として，定数変化法により解を求めてみよう．解として，次の形のものを考える．

$$y = C_1(x)y_1(x) + C_2(x)y_2(x). \tag{9.57}$$

ただし，次の条件をつける．

$$C_1'(x)y_1(x) + C_2'(x)y_2(x) = 0. \tag{9.58}$$

(9.57) を (9.56) に代入して整理すると，

$$C_1'(x)y_1'(x) + C_2'(x)y_2'(x) = q(x) \tag{9.59}$$

となる．(9.58) と (9.59) を連立させて解くと，

$$C_1'(x) = -\frac{1}{\Delta}q(x)y_2(x), \tag{9.60}$$

$$C_2'(x) = \frac{1}{\Delta}q(x)y_1(x) \tag{9.61}$$

となる．ここで，$\Delta = y_1 y_2' - y_1' y_2$ であるが，

$$\Delta = \begin{vmatrix} y_1 & y_2 \\ y_1' & y_2' \end{vmatrix}$$

のように行列式で表されるので，ロンスキー行列式とよばれる．$y_1(x), y_2(x)$ が独立なら $\Delta \neq 0$ となることは簡単に示すことができる．問題 9.6 参照．(9.60),(9.61) を積分することにより，

$$C_1(x) = -\int dx \frac{1}{\Delta}q(x)y_2(x), \tag{9.62}$$

$$C_2(x) = \int dx \frac{1}{\Delta}q(x)y_1(x) \tag{9.63}$$

を得る．

非斉次方程式の一般解

斉次方程式の一般解を $y_g(x)$ とし，非斉次方程式の特解を $y_s(x)$ としよう．すると，$y(x) = y_g(x) + y_s(x)$ は，非斉次方程式の解となることは，ただちに分かる．この解は任意定数を 2 個含むので，**非斉次方程式の一般解**である．すなわち，

非斉次方程式の一般解 = 斉次方程式の一般解 + 非斉次方程式の特解 (9.64)

である．

問 9.6 ある区間 (a,b) で，y_1, y_2 が線形独立であることと，ロンスキー行列式 $\Delta = y_1 y_2' - y_1' y_2$ が 0 でないこととは，同値であることを示せ．(ロンスキー行列式は，1 点で 0 と異なれば，全区間で 0 と異なることも示せる．)

9.2.5 変数変換で解ける特殊な微分方程式

この節では，少し特殊な微分方程式について，学習する[4]．

9.2.5.1 ベルヌイ (Bernoulli) 微分方程式

次の形の微分方程式を**ベルヌイ微分方程式**とよぶ．

$$\frac{dy}{dx} + p(x)y + q(x)y^n = 0 \quad (n \neq 0, 1)^{[5]}. \tag{9.65}$$

$z = y^{1-n}$ とおくと，$\dfrac{dz}{dx} = (1-n)\dfrac{dy}{dx}y^{-n}$ より，

$$\frac{dz}{dx} + (1-n)p(x)z = (n-1)q(x) \tag{9.66}$$

となり，線形微分方程式に帰着する．

9.2.5.2 リカッチ (Riccati) 微分方程式

次の形の微分方程式を**狭義のリカッチ微分方程式**とよぶ．

$$\frac{dy}{dx} + ay^2 = bx^\alpha \quad (a, b, \alpha \text{は定数}). \tag{9.67}$$

a, b, α のいずれか 1 つが 0 なら，変数分離系に帰着するので，a, b, α はすべて 0 でないとする．

(1) <u>$\alpha = -2$ の場合</u>

$$\frac{dy}{dx} + ay^2 = \frac{b}{x^2}. \tag{9.68}$$

$z = \dfrac{1}{y}$ とおくと，$z' = -\dfrac{y'}{y^2}$ より，

$$\frac{dz}{dx} - a = -\frac{bz^2}{x^2} \tag{9.69}$$

---

[4] この節の内容は少し高度なので，初読の際はとばしてよい．

[5] $n = 0$ または $n = 1$ の場合は線形微分方程式となる．

となり，同次形に帰着する．

（2） $\alpha = -\dfrac{4n}{2n-1}$ $(n=1,2,\cdots)$ の場合

$y = uz + v$ とおくと，$y' = u'z + uz' + v'$ より，

$$uz' + (u' + 2auv)z + au^2 z^2 + v' + av^2 = bx^\alpha$$

となる．そこで，z の 1 次の項と v のみの項が 0 になるようにする．つまり，$u' + 2auv = 0$, $v' + av^2 = 0$ とおく．2 つ目の式を積分すると，$v = \dfrac{1}{ax}$ となり，これを最初の式に代入して積分すると，$u = \dfrac{1}{x^2}$ となる．つまり，$u = \dfrac{1}{x^2}$, $v = \dfrac{1}{ax}$ とする．このとき，

$$z' + a\frac{z^2}{x^2} = bx^{\alpha+2} \tag{9.70}$$

となる．ここで，$\alpha + 2 = -\dfrac{2}{2n-1}$ である．(9.70) をさらに変形するために，$\eta_1 = \dfrac{1}{z}$, $\xi_1 = x^{\alpha+3}$ とする．

$$\frac{dz}{dx} = \frac{dz}{d\eta_1}\frac{d\eta_1}{d\xi_1}\frac{d\xi_1}{dx}$$

を用いて計算すると，

$$\frac{d\eta_1}{d\xi_1} + a_1 \eta_1^2 = b_1 \xi_1^{\alpha_1} \tag{9.71}$$

となる．ここで，$a_1 = \dfrac{b}{\alpha+3}$, $b_1 = \dfrac{a}{\alpha+3}$ で，α_1 は，

$$\alpha_1 = -\frac{\alpha+4}{\alpha+3} = -\frac{4(n-1)}{2(n-1)-1}$$

である．したがって，$\alpha = -\dfrac{4n}{2n-1}$ の n が $n-1$ となったリカッチ微分方程式に帰着する．このプロセスを n 回繰り返すと，ベキ α_n が 0 になり，

$$\frac{d\eta_n}{d\xi_n} + a_n \eta_n^2 = b_n \tag{9.72}$$

となる．ここで，a_n, b_n は定数．これは，変数分離形である．

(3) $\alpha = -\dfrac{4m}{2m+1}$, $(m = 1, 2, \cdots)$ の場合

$\alpha = -\dfrac{4(-m)}{2(-m)-1}$ であるから，前項の逆の操作を行うことにより，$(-m)$ の値が 1 だけ増えた微分方程式，つまり，m の値が 1 だけ減った微分方程式に帰着させることができる．以下でこれを示そう．前項の計算との対応を見やすくするために，微分方程式 (9.67) を変数を変えて以下のように書く．

$$\frac{d\eta}{d\xi} + a\eta^2 = b\xi^\alpha. \tag{9.73}$$

ここで，$\alpha = -\dfrac{\alpha_1+4}{\alpha_1+3}$ とおくと，$\alpha_1 = -\dfrac{4\bigl(-(m-1)\bigr)}{2\bigl(-(m-1)-1\bigr)}$ となる．$z = \dfrac{1}{\eta}$, $\xi = x_1^{\alpha_1+3}$ とすると，z についての微分方程式は，

$$\frac{dz}{dx_1} + a_1 \frac{z^2}{x_1^2} = b_1 x_1^{\alpha_1+2}$$

となる．ここで，$a = \dfrac{b_1}{\alpha_1+3}$, $b = \dfrac{a_1}{\alpha_1+3}$ である．さらに，$u = \dfrac{1}{x_1^2}$, $v = \dfrac{1}{a_1 x_1}$ として，$y_1 = uz + v$ とおくと，

$$\frac{dy_1}{dx_1} + a_1 y_1^2 = b_1 x_1^{\alpha_1} \tag{9.74}$$

を得る．(9.73) と比較すると，

$$\alpha = -\frac{4(-m)}{2(-m)-1}, \quad \alpha_1 = -\frac{4\bigl(-(m-1)\bigr)}{2\bigl(-(m-1)-1\bigr)}$$

であるから，これは m の値が 1 だけ減ったリカッチ形の微分方程式となっている．このプロセスを m 回繰り返すと，$\alpha_m = 0$ となり，

$$\frac{dy_m}{dx_m} + a_m y_m^2 = b_m \tag{9.75}$$

に帰着する．これは，変数分離形である．

次に**広義のリカッチ微分方程式**について考えよう．これは，

$$\frac{dy}{dx} + P(x) + Q(x)y + R(x)y^2 = 0 \tag{9.76}$$

の形のものである．この微分方程式は，特解が分かっている場合には次のように

ベルヌイ微分方程式に帰着される．特解を $y_1(x)$ とする．$y = y_1 + u$ とおくと，

$$\frac{du}{dx} + (Q(x) + 2R(x)y_1)u + R(x)u^2 = 0 \tag{9.77}$$

となり，ベルヌイ微分方程式 (9.65) で $n = 2$ としたものとなっている．

第 10 章

理工学への応用

この章では，今まで学んできた微分方程式の解法を，力学や回路の問題に適用する．

10.1 微分方程式としてのニュートンの運動の第二法則

高校の物理の授業において，ニュートンの運動の法則はもっとも基本的な法則である．その中の第二法則は，質量 m の物体に力 F が働くとき，物体の加速度を a とすると，

$$F = ma \tag{10.1}$$

の関係式が成り立つというものである．高校では，単振動の場合を除いて，力や加速度は一定の場合を扱った．しかしながら，この関係式は力や加速度が変化する場合でも成立する．つまり，ニュートンの運動の第二法則は，ある時刻 t における，力と加速度の関係を述べている．そこで，ある時刻における，(瞬間の) 加速度や (瞬間の) 速度に関する定義が必要である．以下で，まず，1 次元の運動について，その定義を行おう．

物体が直線上を運動している場合を考える．その直線上に x 軸をとる．時刻 t での物体の位置を $x(t)$ としよう．このとき，時刻 t と $t + \Delta t$ における位置の変化を Δx とすると，この間の平均の速度 $\bar{v}$ は，

$$\bar{v} = \frac{\Delta x}{\Delta t}$$

となる．このとき，Δt を 0 に近づけたとき，有限の極限が存在するならば，それをこの物体の時刻 t における瞬間の速度とよぶ．それを $v(t)$ と書こう．定義により，この値は $x(t)$ の t に関する微分係数に他ならない．つまり，$v(t) = \dfrac{dx}{dt}$ で

あり，瞬間の速度とは位置を時間で微分したものである．同様にして，この物体の時刻 t における瞬間の加速度を $a(t)$ と書くと，これは，$v(t)$ の t に関する微分係数であり，$a(t) = \dfrac{dv}{dt}$ となる．これは，さらに，$a(t) = \dfrac{d^2x}{dt^2}$ と表わされる．つまり，この物体の時刻 t における瞬間の加速度は，位置 $x(t)$ の t に関する 2 回微分となる．

いまや，ニュートンの運動方程式 (10.1) は，微分を用いて

$$F = m\frac{d^2x}{dt^2} \tag{10.2}$$

と表わされる．したがって，もし，物体に働く力が分かっていれば，左辺は既知であるから，これは，x についての，t に関する 2 階の微分方程式に他ならない．

この章では，重力のもとでの物体の運動や，バネにつながれた物体の運動を，微分方程式 (10.2) を解くことにより解析しよう．また，電気回路の問題も微分方程式で扱うことができるので，コイル，コンデンサー，抵抗などを含む電気回路の問題の解析も行う．

10.2 重力の下での物体の運動

10.2.1 鉛直方向に投げあげる場合

まず，鉛直方向の運動を考えよう．鉛直方向に座標軸 y をとり，上向きを y の増える向きとする．座標の原点はどこにとってもいいが，ここでは，地表を $y = 0$ としよう．また，重力加速度の大きさを g とする．いま，質量 m の質点を，時刻 $t = 0$ で，位置 $y = y_0$ から初速度 $v_0 (> 0)$ で投げあげたときの運動を考えよう．重力は，向きも考えると，$F = -mg$ であるから，運動方程式は

$$-mg = m\frac{d^2y}{dt^2}$$

つまり，

$$\frac{d^2y}{dt^2} = -g \tag{10.3}$$

である．$v = \dfrac{dy}{dt}$ とおくと，

$$\frac{dv}{dt} = -g \tag{10.4}$$

であるから,これは変数分離形 $dv = -g\,dt$ であり,1回積分して

$$v(t) = -gt + C_1 \quad (C_1 \text{は任意定数}) \tag{10.5}$$

となる.

(10.5) も変数分離系であるから,積分して

$$y(t) = -\frac{1}{2}gt^2 + C_1 t + C_2 \quad (C_2 \text{は任意定数}) \tag{10.6}$$

となる.これが,重力の下での鉛直方向の運動の一般解である.次に,時刻 $t = 0$ で,位置 $y = y_0$ から,初速度 $v_0(>0)$ で投げあげたときの解を求めよう.式 (10.5), (10.6) にこれらを代入して,

$$v_0 = C_1, \; y_0 = C_2 \tag{10.7}$$

を得る.したがって,

$$v(t) = -gt + v_0, \tag{10.8}$$
$$y(t) = -\frac{1}{2}gt^2 + v_0 t + y_0 \tag{10.9}$$

となる.(10.9) より,高さ y は,時刻 t の2次関数であることが分かる.これらの式より,最高点の高さ y_M とそのときの時刻 t_1 を求めてみよう.最高点では,速度は0であるから,式 (10.8) で $v(t_1) = 0$ とおいて解くことにより,

$$t_1 = \frac{v_0}{g}$$

を得る.このときの高さ y_M は,式 (10.9) より,

$$y_M = -\frac{1}{2}gt_1^2 + v_0 t_1 + y_0 = \frac{v_0^2}{2g} + y_0 \tag{10.10}$$

となり,移動距離 $s = y_M - y_0$ は,$s = \dfrac{v_0^2}{2g}$ となる.次に,再びもとの位置 y_0 に戻ってくるときの時刻 t_2 を求めよう.このとき,$y = y_0$ であるから,(10.9) で $y(t_2) = y_0$ とおいて整理すると,

$$t_2(-\frac{1}{2}gt_2 + v_0) = 0$$

となる．よって，$t_2 = \dfrac{2v_0}{g}$ が導かれる．つまり，y_0 から最高点に到達するまでにかかる時間と，最高点から y_0 に戻るまでの時間は同じである．

10.2.2 斜め上方に投げあげる場合

次に，質量 m の質点を斜め上方に投げあげる場合を考える．水平方向に座標軸 x をとり，右向きを x の増える方向とする．また，前節と同様に鉛直方向に y 軸をとる．一般に，位置，速度，加速度，力は，大きさと向きを持つので，ベクトルで表わされる．今の場合，x, y 平面内で運動するので，それらを 2 次元のベクトル $\boldsymbol{x}, \boldsymbol{v}, \boldsymbol{a}, \boldsymbol{F}$ で表わす．座標成分を用いると，これらのベクトルは $\boldsymbol{x} = (x, y), \boldsymbol{v} = (v_x, v_y), \boldsymbol{a} = (a_x, a_y), \boldsymbol{F} = (F_x, F_y)$ と表わされる．ところで，いまの場合，ニュートンの運動方程式はどうなるのだろうか．その答えは，

$$\boldsymbol{F} = m\boldsymbol{a} \tag{10.11}$$

である．つまり，ニュートンの運動方程式は，力と加速度というベクトルの間の関係式に他ならない．これを成分で書くと

$$F_x = ma_x, \tag{10.12}$$
$$F_y = ma_y \tag{10.13}$$

となる．水平方向には力が働かないので，$F_x = 0$ である．一方，鉛直方向には，下向きに mg の大きさの重力が働くので，$F_y = -mg$ である．また，加速度は $a_x = \dfrac{dv_x}{dt} = \dfrac{d^2x}{dt^2}, a_y = \dfrac{dv_y}{dt} = \dfrac{d^2y}{dt^2}$ であるから，(10.12), (10.13) は

$$\frac{d^2x}{dt^2} = 0, \tag{10.14}$$
$$\frac{d^2y}{dt^2} = -g \tag{10.15}$$

となる．(10.15) は前節の式 (10.4) と同じであるから，一般解は，

$$y(t) = -\frac{1}{2}gt^2 + C_1 t + C_2 \tag{10.16}$$

である．ここで，C_1, C_2 は積分定数．一方，(10.14) を積分すると，

$$x(t) = C_3 t + C_4 \tag{10.17}$$

となる．ここで，C_3, C_4 は積分定数．初期条件を，$t = 0$ において $\boldsymbol{x}_0 = (x_0, y_0)$, $\boldsymbol{v}_0 = (v_{x0}, v_{y0})$ とすると，

$$x(t) = v_{x0} t + x_0 \tag{10.18}$$
$$y(t) = -\frac{1}{2} g t^2 + v_{y0} t + y_0 \tag{10.19}$$

となる．また，速度は，

$$v_x(t) = v_{x0} \tag{10.20}$$
$$v_y(t) = -gt + v_{y0} \tag{10.21}$$

となる．式 (10.18)，(10.19) から t を消去すると，

$$y = -\frac{1}{2} g \left(\frac{x - x_0}{v_{x0}} \right)^2 + v_{y0} \frac{x - x_0}{v_{x0}} + y_0 \tag{10.22}$$

となり，y は x の 2 次関数で表わされる．つまり，軌道は放物線となることが分かる．簡単のため，$\boldsymbol{x}_0 = (0, 0)$ とし，また，初速度ベクトルの大きさを v_0, x 軸と $\boldsymbol{v}_0$ のなす角を θ とすると，$v_{x0} = v_0 \cos\theta, v_{y0} = v_0 \sin\theta$ となるので，

$$y = -\frac{1}{2} g \left(\frac{x}{v_0 \cos\theta} \right)^2 + x \tan\theta \tag{10.23}$$

となる．

問 10.1 質量 m の質点を，地上から，時刻 $t = 0$ において，速さ v_0, x 軸となす角 θ で投げあげた．以下の問いに答えよ．ヒント：(10.23) を用いる．
（1） 質点が最高点に到達する時刻と，そのときの高さを求めよ．
（2） 質点が再び地上に落ちる時刻と，投げあげた地点からの距離 (飛距離) を求めよ．
（3） 飛距離が最大になるのは，$\theta = \dfrac{\pi}{4}$ となることを示せ．

10.2.3　空気などによる抵抗がある場合

これまでは，まわりの気体や液体による抵抗を無視して考えてきた．実際にはそれらによる抵抗が働く．ここでは，鉛直線の上での質量 m の物体の運動を考

える．また，抵抗力が速度に比例し，その向きが速度と逆の場合を考える．

鉛直方向に座標軸 y を取り，上向きを y の増える向きとする．このとき，質量 m の物体に働く抵抗力 f が，

$$f = -m\gamma v = -m\gamma \frac{dy}{dt}$$

と表わされるとする．ここで，γ は正の定数．すると，物体に働く力は，

$$F = -mg - m\gamma \frac{dy}{dt}$$

となる．したがって，運動方程式 $F = m\dfrac{d^2 y}{dt^2}$ に代入して整理すると

$$\frac{d^2 y}{dt^2} + \gamma \frac{dy}{dt} + g = 0 \tag{10.24}$$

となる．これは，$v = \dfrac{dy}{dt}$ と置くことによって，次のような 1 階の非斉次定係数線形微分方程式となる．p.173 (9.23) を参照のこと．

$$\frac{dv}{dt} + \gamma v + g = 0. \tag{10.25}$$

これは，さらに $u = v + \dfrac{g}{\gamma}$ と置くことにより，斉次方程式に帰着する．

$$\frac{du}{dt} + \gamma u = 0. \tag{10.26}$$

この一般解はただちに $u = C_1 e^{-\gamma t}$ (C_1 は積分定数) と求まる．したがって，

$$v + \frac{g}{\gamma} = C_1 e^{-\gamma t}$$

となるが，$v = \dfrac{dy}{dt}$ なので，

$$\frac{dy}{dt} = -\frac{g}{\gamma} + C_1 e^{-\gamma t} \tag{10.27}$$

となる．これはただちに積分できて，

$$y(t) = \int \left(-\frac{g}{\gamma} + C_1 e^{-\gamma t}\right) dt = -\frac{g}{\gamma}t - \frac{1}{\gamma}C_1 e^{-\gamma t} + C_2 \quad (C_2\text{は積分定数})$$

となる．$t \to \infty$ のとき，速度 v は，一定の値 $v_\infty = -\frac{g}{\gamma}$ となり，等速度で落下することが分かる．これは，重力と粘性による抵抗力が釣り合うためであり，終端速度とよばれる．

10.3 電気抵抗とコンデンサーと一定電圧の電源からなる回路

ここでは，電気回路の問題を考えよう．図 10.1 のように抵抗値 R の抵抗と静電容量 C のコンデンサーに電圧 V の電源をつないで充電する問題を考える．時刻 t において回路を流れる電流を $I(t)$ とし，図の向きを正とする．回路上の点 a, b, c の電位をそれぞれ，V_a, V_b, V_c とする．コンデンサーの極板 A に蓄えられている電荷 Q とコンデンサーの極板間の電位差 $V_a - V_b$ には，

$$Q = C(V_a - V_b) \tag{10.28}$$

の関係が成り立つ．一方，抵抗をはさむ 2 点 b, c 間の電位差 $V_b - V_c$ は，オームの法則より

$$V_b - V_c = IR \tag{10.29}$$

となる．$V = V_a - V_c$ であるから，(10.28), (10.29) より

$$V = \frac{Q}{C} + IR$$

となる．電流とは，単位時間あたりに回路の断面を通過する電荷量である．時刻 t における極板 A の電荷量が $Q(t)$ であるから，単位時間あたり，$\frac{dQ}{dt}$ の電荷が極板 A に到達する．電荷の保存により，これは，図の向きを正としたときの電流に等しくなければならないので $I = \frac{dQ}{dt}$ となる．したがって，

$$\frac{dQ}{dt} + \frac{Q}{RC} - \frac{V}{R} = 0 \tag{10.30}$$

となる．これは，非斉次線形微分方程式である．

電源が起電力 E の電池である場合を考えよう．ことのき，$V = E$ は一定であ

図 10.1

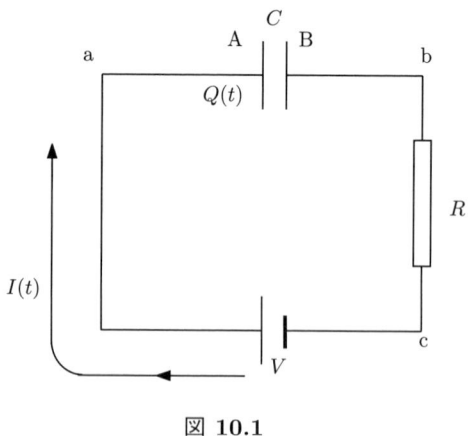

る．すると，微分方程式は，(10.25) と同じ形になる．問題は異なっていても，得られる微分方程式が同じになるので，解も単に変数を置き換えることによって得られる．今の場合，$v \to Q, x \to t, \gamma \to \dfrac{1}{RC}, g \to -\dfrac{E}{R}$ とおくと，(10.27) より

$$Q(t) = CE + C_1 e^{-\frac{t}{RC}} \quad (C_1 \text{は積分定数}) \tag{10.31}$$

となる．時刻 $t=0$ で電池をつないでコンデンサーの充電を始めたとすると，$Q(0)=0$ であり，これを式 (10.31) に代入すると $C_1 = -CE$ となるので，このときの特解は，

$$Q(t) = CE(1 - e^{-\frac{t}{RC}}) \tag{10.32}$$

となる．また，電流は

$$I(t) = \dfrac{E}{R} e^{-\frac{t}{RC}} \tag{10.33}$$

となる．(10.32) 式は極板 A の電荷の時間変化を表わしている．$t=0$ では $Q(0)=0$ であるが，時間がたつとともに電荷は増えていき，$t \to \infty$ では，$Q(t) \to CE$ となる．したがって，これはコンデンサーへの充電過程を記述している．

10.4 単振動

高校において，力 F の大きさが変位 x の大きさに比例し，向きが変位と反対になる場合には，運動が単振動になる事を学んだ．このとき，加速度を a とすると，運動方程式は

$$a = -\omega^2 x \tag{10.34}$$

の形になるが，この ω を用いて，変位は，

$$x = A\cos(\omega t + \phi) \tag{10.35}$$

のように三角関数で表わされ，周期は $\dfrac{2\pi}{\omega}$ となることも学んだ．例えば，質量 m の物体がバネ定数 k のバネにつながれて滑らかな床の上を運動するときには，$\omega = \sqrt{\dfrac{k}{m}}$ であり，長さ l の糸につながれた質量 m の物体が重力のもとで鉛直面内を運動するとき，すなわち，単振り子の場合には，振り子の振れ幅が小さいと仮定すると，$\omega = \sqrt{\dfrac{g}{l}}$ となることを学んだ．

この節では，これらのことを微分方程式を解くことにより理論的に示そう．
(10.34) を書きかえると

$$\frac{d^2 x}{dt^2} + \omega^2 x = 0 \tag{10.36}$$

となる．ところで，9.2.4.1 節 (p.178) で学んだように，この微分方程式の一般解は，(9.54) より，

$$x = C_1 \cos(\omega t) + C_2 \sin(\omega t) \quad (C_1,\ C_2\ \text{は定数}) \tag{10.37}$$

である．ここで，$A = \sqrt{C_1^2 + C_2^2}$, $C_1 = A\cos\phi$, $C_2 = -A\sin\phi$ とすると，(10.37) は，

$$x = A\cos(\omega t)\ \cos\phi - A\sin(\omega t)\ \sin\phi = A\cos(\omega t + \phi) \tag{10.38}$$

のように書き直すことができ，(10.35) が導かれる．

10.4.1 バネにつながれた物体の運動

この場合，力は，$F = -kx$ となるので，運動方程式は，

$$m\frac{d^2x}{dt^2} = -kx \tag{10.39}$$

であり，

$$\frac{d^2x}{dt^2} = -\frac{k}{m}x \tag{10.40}$$

となる．したがって，$\omega = \sqrt{\dfrac{k}{m}}$ となる．

10.4.2 単振り子

質量 m の物体が長さ l の糸につるされて鉛直面内を運動する場合を考えよう．図 10.2 のように角度 θ をとる．また，$\theta = 0$ のときの位置を O とし，O より右側に振れたときを $\theta > 0$，左側に振れたときを $\theta < 0$ とする．ここでは，変位が糸の長さよりも充分に小さい場合を考える．この条件は，$|l\theta| \ll l$，つまり，$|\theta| \ll 1$ の場合である．ここで，$\ll$ は左辺が右辺に比べて充分小さいことを表わす記号である．このとき，物体は円周上を運動する．そこで，物体の位置座標 s を O からはかった円周上の距離とする．ただし，右側に振れたときを $s > 0$，左側に

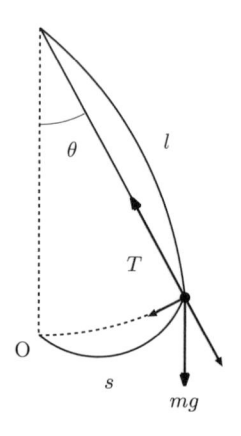

図 10.2

振れたときを $s < 0$ とする．したがって，

$$s = l\theta$$

である．物体には，鉛直下向きに大きさ mg の重力と，糸の方向に張力が働く．力を円の接線方向と糸の方向に分けて考える．接線方向に働く力 F は，重力から生じる．力の向きも考慮すると，$F = -mg\sin\theta$ である．接線方向の速度は $\dfrac{ds}{dt}$，加速度は $\dfrac{d^2s}{dt^2}$ であるから，接線方向の運動方程式は，

$$m\frac{d^2s}{dt^2} = -mg\sin\theta \tag{10.41}$$

となる．いま，振れ角は θ は小さく，$|\theta| \ll 1$ の場合を考えているので，テイラー展開の 1 次までとって，$\sin\theta \approx \theta$ としてよい．したがって，

$$m\frac{d^2s}{dt^2} \approx -mg\theta = -mg\frac{s}{l} \tag{10.42}$$

となる．$\omega = \sqrt{\dfrac{g}{l}}$ とおいて整理すると

$$\frac{d^2s}{dt^2} \approx -\omega^2 s \tag{10.43}$$

となり，(10.36) の形に帰着される．したがって，この場合も単振動となり，角振動数は，$\omega = \sqrt{\dfrac{g}{l}}$ となる．つまり，$|\theta| \ll 1$ の範囲での運動が近似的に単振動となるのである[1]．

10.4.3 コンデンサーとコイルの直列回路 (発振回路)

図 10.3 のように，静電容量 C のコンデンサーと自己インダクタンス L のコイルからなる回路を考えよう．時刻 $t = 0$ でコンデンサーの極板 A, B に各々 Q_0 (> 0), $-Q_0$ の電荷が蓄えられているとして，時刻 t で極板 A に蓄えられる電荷 $Q(t)$ と回路を流れる電流 $I(t)$ を求めよう．$I(t)$ は図の向きを正とする．コイルに電流 $I(t)$ が流れるとき，$-L\dfrac{dI}{dt}$ の誘導起電力が発生する．すると，電流の向

---

[1] 近似を行わない場合にも解が求まるが，初等関数では表わせず，楕円関数となる．

きに測った，回路に沿う電圧降下は，$\dfrac{Q}{C} - L\dfrac{dI}{dt}$ となる．抵抗があれば，オームの法則より (電圧降下) = (電流)×(抵抗値) となるが，今は抵抗値が 0 である．よって，

$$\frac{Q}{C} - L\frac{dI}{dt} = 0 \tag{10.44}$$

となる．時刻 t における極板 A での電荷 $Q(t)$ の単位時間あたりの変化量は $\dfrac{dQ}{dt}$ であるが，これが正のときには，極板の電荷量が増えるので，図の矢印と逆向きに電流が流れている．したがって，**10.3** 節の場合と異なり，電流は，今の場合 $I = -\dfrac{dQ}{dt}$ と表わされる．これを用いて変形すると

$$\frac{d^2Q}{dt^2} + \frac{Q}{LC} = 0 \tag{10.45}$$

を得る．これも，(9.53) の単振動の運動方程式と同じ形をしており，$\omega = \dfrac{1}{\sqrt{LC}}$ となる．(9.54) より，一般解は，

$$Q = C_1 \cos(\omega t) + C_2 \sin(\omega t) \tag{10.46}$$

であるが，初期条件 $Q(0) = Q_0, I(0) = 0$ を代入すると $C_1 = Q_0, C_2 = 0$ となるので，

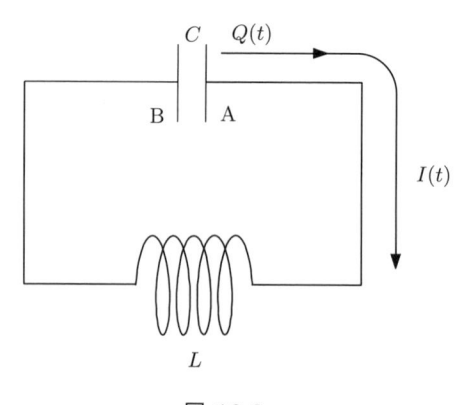

図 **10.3**

$$Q(t) = Q_0 \cos(\omega t), \tag{10.47}$$
$$I(t) = Q_0 \omega \sin(\omega t) \tag{10.48}$$

となる．すなわち，コンデンサーに蓄えられる電荷と回路を流れる電流が角振動数 ω で振動する発振回路となっている．

10.5 減衰振動

この節では，復元力と抵抗がある場合の運動を扱う．

10.5.1 粘性のある媒質中のバネにつながれた物体の運動

質量 m の物体が，バネ定数 k のバネにつながれて滑らかな床の上を直線的に運動する場合を考える．ただし，空気等の周りの媒質の粘性の影響も考慮して，速度に比例する抵抗力 $f = -2m\gamma \dfrac{dx}{dt}$ が働く場合を考える．このときの運動方程式は

$$m\frac{d^2x}{dt^2} = -kx - 2m\gamma\frac{dx}{dt} \tag{10.49}$$

となる．$\omega_0 = \sqrt{\dfrac{k}{m}}$ とおいて変形すると

$$\frac{d^2x}{dt^2} + 2\gamma\frac{dx}{dt} + \omega_0^2 x = 0 \tag{10.50}$$

を得る．これは，9.2.4.1 節で扱った 2 階斉次定係数線形微分方程式 (9.45) で $y \to x, x \to t, a \to \gamma, b \to \omega_0^2$ としたものに他ならない．**9.2.4.1** 節の分類にしたがって，運動の様子を調べてみよう．

（1）<u>$\gamma > \omega_0$ の場合（$\lambda_\pm$ が実数の場合．過減衰）</u>

$\lambda_\pm = -\gamma \pm \sqrt{\gamma^2 - \omega_0^2}$ であり，一般解は，(9.48) より，

$$\begin{aligned}x(t) &= C_1 e^{\lambda_+ t} + C_2 e^{\lambda_- t} \\ &= e^{-\gamma t}(C_1 e^{\sqrt{\gamma^2-\omega_0^2}\,t} + C_2 e^{-\sqrt{\gamma^2-\omega_0^2}\,t})\end{aligned} \tag{10.51}$$

となる．$\lambda_\pm < 0$ であるから，この解は指数関数的に単調減少し，$t \to \infty$ で 0 になる．したがって，過減衰とよばれる．

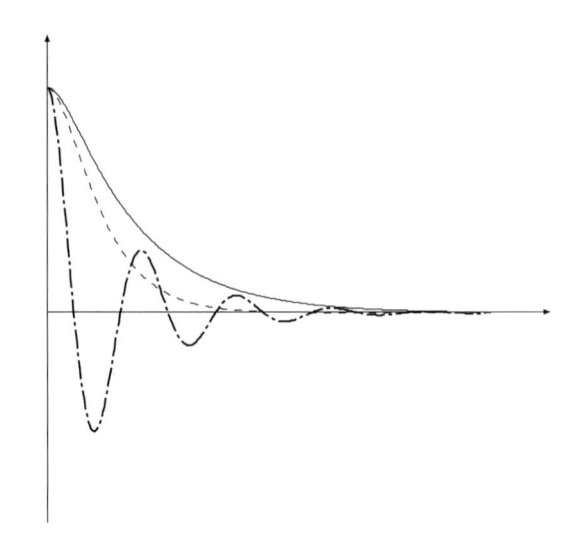

図 10.4　実線が過減衰，点線が臨界減衰，一点鎖線が減衰振動の場合である．

（2）　$\gamma < \omega_0$ の場合 ($\lambda_\pm$ が虚数の場合．減衰振動)

$\omega = \sqrt{\omega_0^2 - \gamma^2}$ とおくと，一般解は，(9.52) より，

$$x(t) = e^{-\gamma t}\left(C_1 \cos(\omega t) + C_2 \sin(\omega t)\right) \tag{10.52}$$

となる．この解は，振動しながら減衰し，$t \to \infty$ で $x \to 0$ となる．減衰振動とよばれるのは，このような振る舞いをするためである．

（3）　$\gamma = \omega_0$ の場合 ($\lambda_\pm$ が重根の場合．臨界減衰)

(9.55) より，一般解は

$$x(t) = e^{-\gamma t}(C_1 + C_2 t) \tag{10.53}$$

となり，$t \to \infty$ で $x \to 0$ となる．振動しながら減衰する減衰振動から指数関数的に減衰する過減衰の境界にあり，振動する直前の場合なので臨界減衰とよばれる．

10.5.2　コンデンサーとコイルと電気抵抗の直列回路

図 10.5 のように，静電容量 C のコンデンサーと自己インダクタンス L のコイルと抵抗値 R の抵抗からなる回路を考えよう．時刻 $t = 0$ でコンデンサーの

極板 A, B に各々 $Q_0(>0), -Q_0$ の電荷が蓄えられているとして，時刻 t で極板 A に蓄えられる電荷 $Q(t)$ と回路を流れる電流 $I(t)$ を求めよう．$I(t)$ は図の向きを正とする．コイルに電流 $I(t)$ が流れるとき，$-L\dfrac{dI}{dt}$ の誘導起電力が発生する．すると，コンデンサーとコイルによる電圧降下は，$\dfrac{Q}{C} - L\dfrac{dI}{dt}$ となる．これは，抵抗による電圧降下と等しいので，

$$\frac{Q}{C} - L\frac{dI}{dt} = IR \tag{10.54}$$

となる．今の場合，電流は $I = -\dfrac{dQ}{dt}$ と表わされるので，これを用いて変形すると

$$\frac{d^2Q}{dt^2} + \frac{R}{L}\frac{dQ}{dt} + \frac{Q}{LC} = 0 \tag{10.55}$$

を得る．これも，9.2.4.1 節で扱った 2 階斉次定係数線形微分方程式と同じ形であり，パラメータの値によって，前項と同様に 3 つの場合が考えられる．ここでは，減衰振動の場合を考えよう．他の 2 つの場合は，読者の演習問題とする．$\omega_0 = \dfrac{1}{\sqrt{LC}}, \omega = \sqrt{\omega_0^2 - \dfrac{R^2}{4L^2}}$ とおくと，一般解は，

$$Q(t) = e^{-\frac{R}{2L}t}(C_1\cos(\omega t) + C_2\sin(\omega t)) \tag{10.56}$$

となる．初期条件 $Q(0) = Q_0, I(0) = 0$ を代入すると，$C_1 = Q_0, C_2 = \dfrac{RQ_0}{2\omega L}$ となるため，

$$Q = e^{-\frac{R}{2L}t}Q_0\left(\cos(\omega t) + \frac{R}{2\omega L}\sin(\omega t)\right), \tag{10.57}$$

$$I = \frac{RQ_0}{2L}e^{-\frac{R}{2L}t}\left(\cos(\omega t) + \frac{R}{2\omega L}\sin(\omega t)\right) \tag{10.58}$$
$$+ e^{-\frac{R}{2L}t}Q_0\left(\omega\sin(\omega t) - \frac{R}{2L}\cos(\omega t)\right)$$

となる．

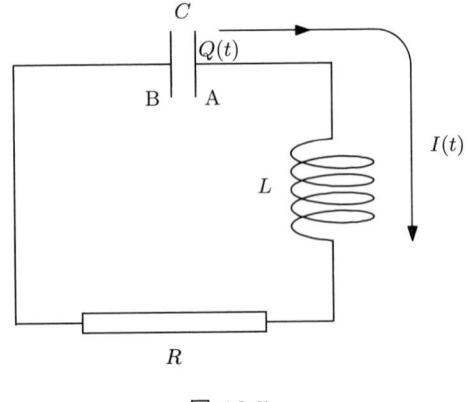

図 10.5

10.6 まとめ

　これまで説明した例で，異なる系であっても，微分方程式としては同じものになる場合があった．以下にそれらをまとめる．
　(1) 減衰を示す 2 つの系：重力のもとで，空気抵抗などの粘性がある場合の物体の鉛直方向の運動 (**10.2.3**) と電気抵抗とコンデンサーが一定電圧の電源につながれている回路の問題 (**10.3**)
　この場合，微分方程式は $\dfrac{dy}{dt}+ay=0$ (a は定数で $a>0$) のタイプになる．
　(2) **10.4** の単振動を示す 3 つの系：バネにつながれた物体，単振り子，コンデンサーとコイルの直列回路
　この場合，微分方程式は $\dfrac{d^2y}{dt^2}+ay=0$ (a は定数で $a>0$) のタイプになる．
　(3) **10.5** の減衰振動を示す 2 つの系：粘性のある媒質中のバネにつながれた物体の運動と，コイル，コンデンサーおよび電気抵抗からなる直列回路
　この場合，微分方程式は $\dfrac{d^2y}{dt^2}+a\dfrac{dy}{dt}+by=0$ (a,b は定数で $a>0, b>0, a^2-4b<0$) のタイプになる．
　(1) の 2 つの系，(2) の 3 つの系，(3) の 2 つの系は，各々同じ微分方程式で記述される．このように，物理的にはまったく異なる系でも，数学的に表現したときに同じタイプの微分方程式で記述されるときには，それらの系の数学的振る

舞いは同じになるのである．

また，物理的には重要なこれらの系は，微分方程式で表現すると2階までの定係数の斉次線形微分方程式になり，多項式，指数関数，三角関数だけを用いて解が表わされることがわかった[2]．

---

[2] 定係数でない線形微分方程式や非線形な微分方程式で表現できる重要な物理系も多々ある．それらについては，より進んだ教科書を参照のこと．

参考文献

[1] 泉屋周一『初級線形代数——半期で学ぶ 2 次行列と平面図形』共立出版.
[2] 海老原円『線形代数』(テキスト理系の数学 3) 数学書房.
[3] 小池茂昭『微分積分』(テキスト理系の数学 2) 数学書房.
[4] 高木貞治『解析概論』岩波書店.
[5] 三村征雄『微分積分学 I,II』岩波全書.
[6] 高木貞治『代数学講義』共立出版.

索 引

●数字・記号
1 階線形微分方程式　172
1 次関数　79
1 次結合　169
1 次分数関数　79
1 次変換　55
2 階線形微分方程式　177
3 次行列　43

●アルファベット
n 次対称群　118

●ア行
一般解　165
因数定理　105
裏命題　9
演算　117
オイラーの解法　137
大きさ　31, 37, 71

●カ行
外積　38
回転　56
ガウス平面　70
可約　102, 110
カルダノの公式　133
奇置換　115
軌道　129
基本対称式　120
基本ベクトル　31, 37
既約　102, 110
逆元　118
逆置換　114
逆変換　58
逆命題　9
逆立体射影　85
球面の方程式　52
共役複素数　69
行ベクトル表示　31
行列式　44, 58
虚球面　53
極形式表示　71
虚軸　71
虚数　68
虚数単位　68
虚部　68
空集合　13
偶置換　115
グラム・シュミットの直交化法　66
群　117
結合法則　114
原点　28
恒偽命題　23
高次の導関数　150
合成数　93
合成変換　57
恒等置換　113
公倍数　93, 102, 111
公約数　93, 102, 111
公理　3
互換　115
固有方程式　173, 178

●サ行

斉次定係数微分方程式　173, 178
最小公倍数　93, 102
最大公約数　93, 102
座標　28
サラスの展開　44
実軸　71
実部　68
始点　30
写像　55
集合　13
終点　30
十分条件　10
述語論理　11
巡回置換　115
純虚数　68
真偽　1
真の約数　93
真理表　2
数学的帰納法　25
スカラー3重積　42
正規直交系　65
正射影　50
整数の割り算原理　98
正則行列　57
正則変換　58
成分　30, 37
絶対値　71
接平面　53
零ベクトル　31
線形結合　169
線形独立　169
線形変換　55, 59
全称命題　12
全体集合　14

先頭係数　102
先頭項　102
先頭単項式　102
像　59
素元分解整域　112
素数　93
存在命題　12

●タ行

対偶法　23
対偶命題　9
代数学の基本定理　90
互いに素　93
単位円周　78
単位円板　78
単位行列　58
単位元　118
単位方向ベクトル　46
単位法線ベクトル　47
単項イデアル整域　112
単振り子　194
置換　112
置換積分　163
直積　21
直線のパラメータ表示　33
直線のベクトル方程式　33
直交行列　65
直交座標　29
直交射影　50
直交変換　63
定義域　11
定数変化法　173
定積分　159
テイラー展開　151
点球面　53

転置行列　65
ド・モアブルの定理　72
ド・モルガンの法則　4
同値　3
特性方程式　173, 178
特解　165

● ナ行
内積　31, 37
長さ　31
ノルム　31, 37

● ハ行
倍数　93, 102, 111
背理法　24
発振回路　195
パラメータ表示　46
反転　54
非斉次定係数微分方程式　173, 179
必要十分条件　10
必要条件　10
否定　15
微分　148
微分係数　147
微分商　147
微分積分学の基本公式　162
微分方程式　165
フェラーリの解法　136
複素平面　70
部分群　118
部分集合　14
部分積分　162
分配法則　6
平行座標　29
ベクトル　30, 37
ベクトル積　38

ベクトル方程式　34, 46
ヘッセの標準形　34, 47
ベルヌイ微分方程式　181
偏角　72
変数　11
変数分離形　171
方向ベクトル　45
法線ベクトル　46
補集合　15

● マ行
命題　1
　偽の—　1
　真の—　1
命題関数　11

● ヤ行
約因子　102, 111
約数　93, 102, 111
ユークリッド整域　108, 112

● ラ行
ラグランジュの解法　139
リーマン球面　86
リカッチ微分方程式　181, 183
立体射影　84
列ベクトル表示　31
ロジスティック微分方程式　172
ロンスキー行列式　180

● ワ行
割り切れる　93
割る　93

著者紹介
泉屋周一
いずみや・しゅういち

略歴
1952年　札幌生まれ.
1978年　北海道大学大学院理学研究科修士課程修了.
現　在　北海道大学大学院理学研究院・北海道大学数学連携研究センター教授.
　　　　主な著書
　　　　『座標幾何学——古典的解析幾何学入門』(共著, 日記技連出版社)

上江洌達也
うえず・たつや

略歴
1955年　沖縄県生まれ.
1983年　京都大学大学院理学研究科単位取得退学.
現　在　奈良女子大学大学院人間文化研究科教授(理学博士).
　　　　主な著書
　　　　『複雑系の事典』(共著, 朝倉書店)

小池茂昭
こいけ・しげあき

略歴
1958年　東京都生まれ.
1988年　早稲田大学大学院理工学研究科退学.
現　在　埼玉大学大学院理学研究科教授(理学博士).
　　　　主な著書
　　　　『微分積分』(数学書房)

重本和泰
しげもと・かずやす

略歴
1949年　徳島県生まれ.
1978年　大阪大学大学院理学研究科博士課程修了.
現　在　帝塚山大学経済学部教授(理学博士).
　　　　主な著書
　　　　『Let's　物理学』(共著, 学術図書)

徳永浩雄
とくなが・ひろお

略歴
1961年　山口県生まれ.
1986年　京都大学大学院理学研究科修士課程修了.
1988年　京都大学大学院理学研究科博士課程中退.
現　在　首都大学東京大学院理工学研究科教授(理学博士).
　　　　主な著書
　　　　『代数曲線と特異点』(特異点の数理4)(共著, 共立出版)

テキスト理系の数学1

リメディアル数学(すうがく)

2011年4月15日　第1版第1刷発行

著者	泉屋周一・上江洌達也・小池茂昭・重本和泰・徳永浩雄
発行者	横山 伸
発行	有限会社　数学書房

　　　　〒101-0051　東京都千代田区神田神保町1-32-2
　　　　TEL　03-5281-1777
　　　　FAX　03-5281-1778
　　　　mathmath@sugakushobo.co.jp
　　　　http://www.sugakushobo.co.jp
　　　　振替口座　00100-0-372475

印刷製本	モリモト印刷
組版	永石晶子
装幀	岩崎寿文

ⓒS.Izumiya, T.Uezu, S.Koike, K.Shigemoto & H.Tokunaga, 2011 Printed in Japan
ISBN 978-4-903342-31-3

テキスト理系の数学

泉屋周一・上江洌達也・小池茂昭・德永浩雄 編

1. **リメディアル数学** 泉屋周一・上江洌達也・小池茂昭・重本和泰・德永浩雄 共著 ● 2,200 円

2. **微分積分** 小池茂昭 著 ● 2,800 円

3. **線形代数** 海老原 円 著 ● 2,600 円

4. **物理数学** 上江洌達也・椎野正寿 共著

5. **離散数学** 小林正典・德永浩雄・横田佳之 共著

6. **位相空間** 神保秀一・本多尚文 共著 ● 2,400 円

7. **関数論** 上江洌達也・椎野正寿 共著

8. **曲線と曲面** 古畑 仁 著

9. **確率と統計** 道工 勇 著

10. **代数学** 津村博文 著

11. **ルベーグ積分** 長澤壯之 著

12. **多様体とホモロジー** 秋田利之・石川剛郎 共著

13. **常微分方程式と力学系** 島田一平 著

14. **関数解析** 小川卓克 著

2011年4月現在